新・相対性理論

NEW THEORY OF RELATIVITY

仲座 栄三
Eizo Nakaza

ボーダーインク

序

　相対性理論は，科学史に現れる物理学的思考の中でも最高の傑作として称賛されてきている．例えば，内山龍雄訳・解説『アインシュタインの相対性理論』（岩波文庫）は，相対性理論について，「このような素晴らしい財宝が作られた時代に幸運にも居合わせながら，その噂だけを耳にし，その中身のなんたるかをまったく知らずに過ごすとは，まことに残念である」と述べ，相対性理論，特に特殊相対性理論を学ぶことを進めている．

　特殊相対性理論は，そのほとんどが四則演算とルート演算とからなっている．したがって，式の展開だけなら，中学校で学ぶ程度の基礎知識を以て可能である．それにも係わらず，また相対性理論に係わるたくさんの解説書で溢れる今日にあっても，その理解が困難であると言われるゆえんは，その本質が単なる数式の展開でなく，それら単純な数式に至る過程に，途切れることもなく現れる思考の必要性にあるのであろう．

　私は，自らの経験にもとづき，文系理系にかかわらず大学の学部学生や大学院生に対する基礎科目として，そして特に教育職や研究職を目指す学生に対する必修基礎科目として，特殊相対性理論を学ぶことを推奨すべきでないかと考えている．ここで，"学ぶ"という意味は，相対性理論そのものの理解ということよりもむしろ，特殊相対性理論という科学を1つの教材として，その単純な式の1つ1つの導出過程に現れる偉大な物理学者らの思考に触れ，科学的な思

考法とはどういうものかを知ることにあると考える.

そうした相対性理論であっても,アインシュタインによる発表以来,その妥当性について,数多くの疑義が投じられてきているのも事実である.その歴史を振り返って見ると,物理学の世界にその名を馳せた物理学者でさえも異議を唱えているところに,興味を引かれる.

しかし,今日,相対性理論に疑義を唱えることは,物理学を知らないことの表れ,あるいは素人の浅はかな議論であると切り捨てられる. 1964 年,ソ連科学アカデミーは,「アインシュタインの相対性理論に対する批判を印刷物として発表することを禁止する処置」を,幹部会特別決定としたほどである.

著者は,相対性理論に対するパラドックスの存在など,疑義が投じられるゆえんは,アインシュタインの相対性理論の誘導過程の何処かに何らかの数学的問題点が存在するのではなかろうかと考えた.そのことに長い時間を費やすこととなったが,それは結局のところまったくの無駄であった.これまでに幾多ものチェックを受けてきた数学的展開そのものに誤りなどあろうはずもなかったのである.

しかし,十数年余の格闘の末に,突然に浮かんできたことは,なんと「ガリレイ変換にこそ,本質的な解釈の誤りがある」とするものであった.その意味は,「(後に詳しく議論されるが)アインシュタインの相対性理論は,観測者が運動系を観測するために適宜構築する移動座標系の時間と空間座標を,運動系のそれらと混同している」ということである.

アインシュタインは,絶対静止空間やそれに付随する絶対速度などというものが物理学に不要なものであるとし,運動している物体に対する簡単で矛盾のない電気力学に到達するには,「相対性原理」

と「光速度不変の原理」の前提のみで十分であるとした．

アインシュタインが理論構築の前提としたこの2つの原理は，一方が物理現象の相対性を主張し，他方は逆に絶対性を主張する内容となっている．すなわち，両者の存在は，一見して互いに相矛盾する関係にあると言える．光は電磁波の一種であるので，電磁現象に相対性原理が適用されるのなら，光の速度も含めて電磁現象の一切が，相対性原理に則って解釈されなければならない．

あらゆる慣性系において，光の速度が一定となって観測されることそのものがむしろ，相対性原理の本質を表すといってよい．

そのような解釈の下に，著者は，アインシュタインが理論構築の前提として取り上げた「光速度不変の原理」を理論構築に不要のものとし，「相対性理論」は「相対性原理」のみを前提として構築されるべきものであるとする結論に至った．

絶対静止空間やエーテルの存在を信じる時代にあって，アインシュタインは，それらとの決別の証しとして，「光速度不変の原理」を打ち立てることがあえて必要であったのかもしれない．さらに，当時の時代的背景として，「光」というものに対する人々の特別な思いがあったであろうことは容易に想像できる．そのような人々の思いは，今日の世界においても引き継がれている．このことからすれば，アインシュタインの最も満足としたことは，相対性理論の構築ではなく，光の速度を普遍的なものとして位置づけたことにあったのではないかとさえも想像される．

アインシュタインによって導入された「光速度不変の原理」は，本書において理論の構築過程から取り払われ，相対性理論は「相対性原理」のみに拠って構築されるものであることが示される．光速度不変のドグマから解き放された相対性理論は，アインシュタイン

の相対性理論とはまったく逆の存在と化す．これは，ガリレイの時代の「天と地の逆転」に例えられよう．実測される事実を説明するだけのことであるのなら，天あるいは地，そのいずれが運動していても大差はないのである．相対性理論でいうのなら，光速度不変の原理を導入した場合とそうでない場合とで，両者は共に実測値を0.0001%以下の精度で説明することができるのである．

「一定速度で動く者の時間は，静止している者の時間よりも遅れている」とするアインシュタインの相対性理論は，これまでに巨額の費用をかけて，その実証が試みられてきた．しかし，アインシュタインの相対性理論に疑義を投じる者の多くは，ここにこそ，相対性原理の本質との乖離を見出すのを禁じ得ないのであった．

相対性原理は，「いかなる観測値を以てしても，いずれの観測者が静止し，いずれの観測者が動いているものかを決定することはできない」と主張する．一定速度で飛行してきた時計が遅れていることを信じる立場は，この相対性原理に反するのである．また，地上に静置された正確な原子時計は，いずこの星の原子時計に対して時を刻んでいるのか？　という疑問を生み出し，絶対性理論の探究へと引き戻されるのである．また，重力環境下で空間が歪んでいるとする着想は，エーテル説の再来を強く印象付けるものとなっている．

アインシュタインの相対性理論については，その本質的な部分が主として四則演算のみから演繹されることもあいまって，一般市民をも巻き込んだ議論が続けられてきている．だが，その多くの議論も，アインシュタインの相対性理論の妥当性を示す圧倒的に優位な実測データの下にひれ伏すことを強いられる勢いにある．また，「異議を投ずる者は，数学や物理を理解していない素人である」とする軽蔑的なまなざしを与えられるのも事実である．

アインシュタインの相対性理論は，数多くの先端科学技術に取り入れられている．これらの事実を説明し，さらにアインシュタインの相対性理論をも包括し，そしてこれまでに投じられた異論に対しても応えられるような，そうした理論は存在し得ないものであろうか？　本書「新相対性理論」は，そうした要望に応えるものとなる．

　我々が，例えば離れた星の表面を観測するために投じる人工衛星等は，まさに地上の観測者が構築する移動座標系ということができる．地上の時間と観測しようとしている星の時間は等しく流れる．新相対性理論は，ここでいう人工衛星の時間や空間と地上の管制塔におけるそれらとの関係を結ぶものといえる．この関係の存在を以て，地球人は遠く離れた星の観測を，互いに静止した関係となって行うことが可能となる．

　互いに静止した関係となって観測されるその星の世界では，地球人が物理法則として認めているニュートンの力学法則やマクスウェルの電磁力学法則がまったく同じように成立しているのを，相対性原理の下に見出せる．

　それらの事実を新相対性理論に則って地上の観測者に伝えることで，我々は地球に対して一定速度で移動している世界の，運動の法則，電磁力学法則を理解することができる．

　本来なら移動座標系の時間や空間座標と設定すべきところを，運動系のそれらと設定してしまったことの緒を，ガリレイ変換に見ることができる．このことが，そのままアインシュタインの相対性理論へと持ち込まれた形になっている．

　観測者の系としての静止系と，それに対して一定速度で移動する運動系，そして，それら2つの系を結びつけるために静止系の観測者が構築する移動座標系という第3の座標系の存在を位置づけると

いう着想は，まさにコロンブスの卵であった．

　このことによって，従来の相対性理論に投じられた疑義の一切は解決される．第3の慣性系となる移動座標系を位置づける相対性理論が，ここに新相対性理論としてまとめられている．

　ニュートンは，「我，仮説を創らず」と述べ，直接，経験や実験によって確かめることのできるものがすべてであると説いたとされる．これに対し，相対性理論は，「我々が観測したり，直接経験したりする事を，そのまま正しいと判断してはならない場合がある」ということを教え，我々の直接的経験を超えた世界に，力学的本質があることの例を示す．

　先にも述べたように，このような学問の存在を知りつつ，それが何たるかを分からずにいる事は，真にもったいない．自然科学を志す者のみでなく，広く学問を志す者が，一度は触れておくべき財宝が，相対性理論であろう．

　アインシュタインの原著論文の主要部分もそうであるように，本書のほとんど全ては，中学校で習う程度の数学力で理解できるようにしてある．一部，そうでない箇所もあるが，そのような箇所を読み飛ばしたとしても全体的な理解には何ら差し支えない．

　本書を作成するに当って，琉球大学理工学研究科博士後期課程の稲垣賢人君との議論は有意義であった．また，ボーダーインクの池宮紀子女子には校正についてご協力を頂いた．ここに記し感謝の意を表します．最後に，終始支えられた家族（光子，海咲，海希，海香）に，心からありがとうと礼を述べたい．

仲座栄三

2015年7月18日

目　次

序

1章　相対性理論の誕生とそれまでの物理的世界観　1
1.1 相対性理論の変換式に現れる唯一の関数ルート（$\sqrt{\ }$）　1
1.2 想像されたエーテルの存在　2
1.3 マイケルソンとモーリーの実験　3
1.4 ローレンツの考えた運動方向の長さの収縮説　8
1.5 ポアンカレの主張　10

2章　アインシュタインの相対性理論　15
2.1 相対性原理と光速度不変の原理　15
2.2 アインシュタインの相対性理論　19
2.3 アインシュタインの相対性理論から派生されるパラドックス　23
2.4 アインシュタインの相対性理論に対する疑義　25
2.5 アインシュタインの正しさを示す圧倒的な量の実験データ　27
2.6 そうであっても，なお投じられる疑義　30
2.7 著者の見解　34

3章　新ガリレイ変換と運動物体の力学法則　39
3.1 ガリレイの相対性理論に対する従来の解釈の誤り　40
3.2 静止系内の静止力学の法則　43
3.3 新ガリレイ変換と相対論的力学　47

4章　新相対性理論　61
4.1 相対性原理の導入　61

4.2 新相対性理論の概観　63

4.3 時間と光速にもとづく空間座標の設定　68

4.4 光を利用した時間の調節　70

4.5 静止系の観測者に観測される運動系内の離れた2点の時刻　74

4.6 新相対性理論の誘導　77

4.7 新相対性理論における変換則とその物理的意味　91

4.8 相対論的力学　94

4.9 相対論的速度合成則　107

4.10 相対論的エネルギーの定義　110

4.11 相対論的電磁場　117

5章　パラドックスの解決　129

5.1 2つのロケットを結ぶ赤いひもは,未来永劫結ばれたままか？　129

5.2 新相対性理論によるパラドックスの解決　137

5.3 新相対性理論による時間に関するパラドックスの解決　145

6章　新相対性理論と原子時計及びGPS　153

6.1 運動系の原子時計と地上に静置された原子時計の示す時刻　153

6.2 光の赤方偏移及び青方偏移　156

6.3 GPSによる空間座標及び時刻の測定　165

6.4 ドップラーシフトに見る新相対性理論とアインシュタインの相対性理論の違い　171

6.5 新一般相対性理論の構築に向けて　175

おわりにあたって　179

1 章 相対性理論の誕生とそれまでの物理的世界観

　本章では，アインシュタイン（Albert Einstein, 1905 年）の相対性理論が生み出されるまでの物理的世界観について，簡単に説明しておこう．この書のほとんど全ての部分で，相対性理論とは特殊相対性理論を意味する．本書において，例えば，式 (4.1) と説明される場合，4 章の式 (1) を表すことに注意して頂きたい．

1.1 相対性理論の変換式に現れる唯一の関数ルート（ $\sqrt{}$ ）

　アインシュタインの相対性理論は，そのほとんどが四則演算を以て表される．そのような中にあって，特別な関数として現れるのがルート（ $\sqrt{}$ ）という関数である．

　ピタゴラスは，直角三角形の 3 辺の関係に，現在ピタゴラスの定理と呼ばれている関係式を見出し，それが完全な形で証明できることを，人類の歴史の中で初めて発見したと言われている．この瞬間は，人類が数学公式を完全な形に証明でき，そしてそれが未来永劫その姿で存在し続けることを歴史に記した瞬間であった．ピタゴラスはそのことの重要性に鑑み，牡牛 100 頭を神々に感謝の印として捧げたと伝えられている．

　ピタゴラスの定理から現れる "ルート" という関数が，アインシュタインの特殊相対性理論の変換則に唯一の関数として現れる．アインシュタインの特殊相対性理論は，ルートと四則演算とを以てそ

の殆どが説明されるため，数式の演繹過程は，中学校で学ぶレベルの知識を以て十分に理解可能となっている．

そのようなことから，相対性理論を理解することの本質は，単なる数式の演繹にあらず，例えば，時間とはどう定義されるものか？空間とはどう測られるものか？　動いている系内の時や空間は静止系からいかように観測されるものであるか？　等など，1つの式にたどり着くまでの思考過程にあると言える．

相対性理論が，理系・文系を問わず，科学的思考法を学ぶための，最良の教材などと言われるゆえんがここにある．

1.2　想像されたエーテルの存在

光は波の性質を持つ．光が波の性質を持つことの現れは，光の屈折や回折現象に見られる．音波や水の波は，それを伝播させる媒質（空気や水）があってはじめて伝播可能であることから，光に対してもそれを伝播させる何らかの媒質が存在するに違いない．光はこの宇宙をいかなる方向にも一定速度で伝播していると想定されるので，光を伝える媒質は我々の宇宙を隈なく埋め尽くしているに違いない．光を伝えるこのような想定上の媒質を人々はエーテル (ether) と呼んだ．

大海原を突き進む船が海水の抵抗を受けるように，我々の地球は，このエーテルの風や風圧を受けているに違いない．このとき，地表から発射された光は，その進行方向に対して，エーテルの風の影響を受けて伝播速度が低下するに違いない．また，地球の進行方向に直交する方向に発射される光は，エーテルの風を受け地球の進行方向とは逆方向に押し流されるに違いないと考えられた．

さらに，光の伝播速度がエーテルの風を受けて遅くなることや，

エーテルの風に流されていく経路を調べることで，エーテルの風の速さを測定できるのではないかと考えるようになる．また，そのことが絶対静止空間に対する地球の進行速度（すなわち，地球の絶対速度）を教えてくれのではないかと考えるに至る．こうした推論と期待は，地球の絶対速度を測る方法の模索へと人々を駆り立てていったのであった．

その実験に極めて精巧な実験技術を以て真っ向から挑んだのが，マイケルソン（A. A. Michelson）であり，数多く行われた実験の中でも特に，マイケルソンとモーリー（E. W. Morley）によって行われた実験が有名となっている．

1.3 マイケルソンとモーリーの実験

1887年，マイケルソンとモーリーは，次のような実験装置で光の経路の違いによるわずかな時間の遅れを光の干渉縞の変化として観測し，その時間の遅れからエーテルの風の速さ（すなわち，地球の絶対速度）が観測可能と考えた．マイケルソンとモーリーの実験装置は，以下に述べるような考察に従うものであった．

以下においては，地球が一定速度で移動する様を考える．図‐1においては，地球の移動方向を紙面の左から右の方向に設定してある．したがって，地球が左から右に移動するとき，地球上に静止し，自らは絶対静止の状態にあると自覚している観測者には，地球は静止していて，エーテルの風が右から左に流れていると判断されることになる．

図‐1に示すように，光源からエーテルの風に向かって発射される光は，エーテルの風の影響でその伝播速度を低下させるものと推測される．逆に，エーテルの風の吹く方向に発射される光は，エー

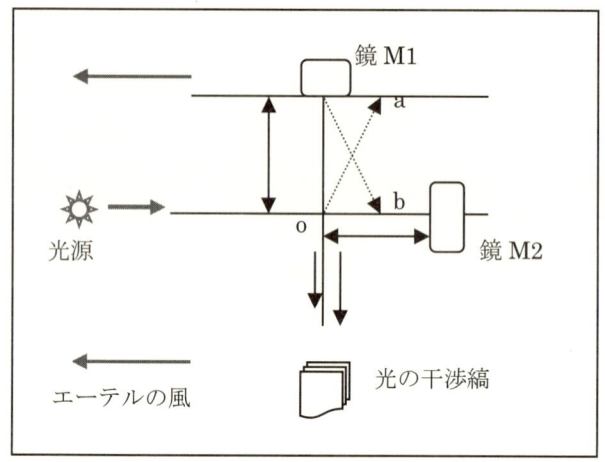

図-1 マイケルソンとモーリーの実験装置の概要

テルの風に乗り，その伝播速度を増加させる．静止したエーテルに対して静止した光源から発射される光そのものの伝播速度を C とすると，図-1の原点 O から鏡 M2 に向けて進行する光は，エーテルの風で押し戻され，その伝播速度は地上の実験者に対して $C-v$ となって観測される．逆に，鏡 M2 から反射されて原点 O に向けて進行する光の伝播速度は，エーテルの風に乗って速くなる．この時の光の伝播速度は，$C+v$ となって観測される．

原点 O から鏡 M1 に向けて発射される光は，右から吹くエーテルの風を受けて左手方向に押し流される．したがって，原点 O から鏡 M1 に光が正しく到達するためには，原点 O から直接鏡 M1 を狙って光を発射するのでなく，それよりも少し右方向，すなわち点 a 方向に向けて発射しなければならない．逆に，鏡 M1 から発射される光が原点 O に正確に到達するためには，光は鏡 M1 から点 O に向け

て真っ直ぐに反射されるのではなく、それよりも少し右方向、すなわち点 b に向けて反射される必要がある。こうした工夫により、点 O からの距離が互いに等しい位置にある鏡 M1 や鏡 M2 に向けて発射された光が、それぞれの鏡で反射され再び点 O に集められた時、それぞれの経路の伝播に要した時間差が観測者には光の干渉縞となって観測される.

以下に、光がそれぞれの経路をたどるのに要する時間の差を具体的に求めてみよう.

点 O と鏡 M1 間の距離及び点 O と鏡 M2 間の距離は互いに等しく、それらの長さを共に L とする. このとき、光が点 O を出発し鏡 M2 を経て、再び点 O に到達するのに要する時間は、次のように計算される.

$$\text{光が行きに要した時間:} \quad t_1 = \frac{L}{C-v} \tag{1}$$

$$\text{光が帰りに要した時間:} \quad t_2 = \frac{L}{C+v} \tag{2}$$

$$\text{合計時間:} \quad t = t_1 + t_2 = \frac{L}{C-v} + \frac{L}{C+v} = \frac{2CL}{C^2 - v^2} \tag{3}$$

同様に、光が点 O を出発し鏡 M1 を経て、再び点 O に到達する時間は、次のように計算される.

光が行きに要する時間と帰りに要する時間が同じであることについては、図から容易に理解される. ここで、それらを t'_1 及び t'_2 で表わす.

図より、光がエーテルに流される距離は vt'_1 で与えられる. また、光が斜めに進んだ距離は Ct'_1 で与えられる. このとき、直角三角形

に対するピタゴラスの定理から，次なる関係が与えられる．

$$(Ct'_1)^2 = (vt'_1)^2 + L^2 \tag{4}$$

これより $(C^2-v^2){t'_1}^2 = L^2$ となって，光が行きに要した時間（すなわち，光が帰りに要した時間）が，次のように与えられる．

$$t'_1 = t'_2 = \frac{L}{\sqrt{C^2-v^2}} \tag{5}$$

また，合計時間が次のように与えられる．

$$t' = 2t'_1 = \frac{2L}{\sqrt{C^2-v^2}} \tag{6}$$

したがって，異なる2つの経路を伝播したそれぞれの光の到達時間の差が，次のように与えられる．

$$\Delta t = t'-t = \frac{2L}{\sqrt{C^2-v^2}} - \frac{2CL}{C^2-v^2} \tag{7}$$

すなわち

$$\Delta t = \frac{2CL}{C^2-v^2}\left(\sqrt{1-v^2/C^2}-1\right) \approx \frac{L}{C}\left(\frac{v}{C}\right)^2 \tag{8}$$

この式の誘導では，$\sqrt{1-v^2/C^2} \approx 1-1/2\,v^2/C^2$ となる近似が用いられている．

L/C は，地球が絶対静止していると想定する場合に，光が光源から鏡に到達する時間を表す．したがって，最終的に得られた時間差

Δt は，2つの経路を伝播した光の時間差が，地球の移動速度 v と光の速さ C の比の2乗程度の微小なずれとなって観測されることを示している．このずれは極めて小さいものであるものの，実験装置の精度からは観測可能で，その効果が光の干渉縞の変化となって観測されると考えられた．

しかしながら，マイケルソンとモーリーの実験の試みは，予想に反し，ことごとく失敗に終った．時間差を示すような干渉縞の有意な変化は，何ら観測されなかったのである．

当然ながら，結果に対しては，実験装置の精度への疑義が真っ先に投じられた．しかし，装置の精度の十分さを理解できる物理学者はその疑いを捨て，その他の理由を模索し始めた．

ローレンツ（Hendrik Antoon Lorentz）は，エーテルの存在によりすべての物体は運動方向に収縮するとする短縮説（Lorentz contraction）を提示した．しかし，物質は固い材料もあれば柔らかい材料もある．したがって，すべての物体に一定の風圧（エーテルの圧力）が作用するのなら，物体はそれぞれの固さに応じて，いろいろな長さの収縮を見せるはずである．そのような所に，ローレンツの主張の問題点があった．

これに対し，アインシュタインは，エーテルの存在に否定的であった．アインシュタインは，エーテルの存在の有無とは無関係に，光というものの伝播速度は元来的に観測者に対して一定値を取り不変であるとし，マイケルソンとモーリーの実験結果はそのことの実験的証明であると捉え，相対性理論構築の前提条件として「光速度不変の原理」を導入した．

今日であっても，本問題に対する異議は投じられている．マイケルソンとモーリーの実測値やその後に測定された高精度の実測値は，

速度ゼロを示しているのではなく，幾分かの速度の存在を示しており，これがエーテルの存在事実であるとする主張も投じられている．著者は，このような主張を正しくないと考えている．こうした疑義が投じられるのも，アインシュタインの相対性理論に問題点が内在していることの表れと考える．本書で示される新相対性理論は，現在に至ってもなおエーテルの存在を求める方々の疑義にも解答を与えることになろう．

1.4 ローレンツの考えた運動方向の長さの収縮説

マイケルソンとモーリーの実験の失敗の理由として与えられた説明の内でも，ローレンツの与えた長さの収縮仮説は，エーテルの存在を信じる立場からはいかにももっともらしい説明であった．

ローレンツの主張は，以下のように説明できる．

時間差が感知されなかったとなると，マイケルソンとモーリーの実験の前提となった時間差の理論的予測値，すなわち式（7）で与えられる時間差がゼロとなることを意味する．したがって，次なる関係が与えられる．

$$t' = t = \frac{2L_y}{\sqrt{C^2 - v^2}} = \frac{2CL_x}{C^2 - v^2} \tag{9}$$

ここに，L_y は点 O から鏡 M1 までの距離，L_x は点 O から鏡 M2 までの距離を表す．

当初，実験者に対しては，$L_x = L_y = L$ となっている．しかし，ローレンツは，移動方向に物体の長さが縮むと考えた．この場合，$L_x \neq L_y$ であることが許される．式（9）が成立するためには，縦方向の長さと横方向の長さの比が，次のように与えられる必要がある．

$$L_x/L_y = \frac{\sqrt{C^2-v^2}}{C} = \sqrt{1-\frac{v^2}{C^2}} \tag{10}$$

　エーテルの影響で横方向の長さと縦方向の長さの比が，式（10）で表わされるように変化する．これがローレンツの説明であった．

　ローレンツの収縮仮説の提示により，マイケルソンとモーリーの実験結果は，「単なる失敗と化した実験」ではなくなり，運動方向に物の長さが縮むという，人類がこれまで想定したことのない問題提起を派生させた極めて重要な実験結果と化した．

　ローレンツの与えた収縮説は，電磁現象に対する変換則として，次のような関係式を与えるものであった．

$$t' = \frac{1}{\sqrt{1-v^2/C^2}}\left(t - \frac{vx}{C^2}\right) \tag{11}$$

$$x' = \frac{1}{\sqrt{1-v^2/C^2}}(x - vt) \tag{12}$$

$$y' = y \tag{13}$$

$$z' = z \tag{14}$$

　ここで，ダッシュのついている変数は，地球上に地球人が設定している時間や空間座標を表す．これに対し，ダッシュのついていない変数は，静止空間内に設定される時間や空間座標を表す．また，Cは光の速さであり，vは静止空間に対する地球の相対速度を表す．これらの式の詳しい説明は，2 章にて与えられる．

1.5 ポアンカレの主張

　大数学者としてその名をはせるフランスのアンリ・ポアンカレ（Jules-Henri Poincaré）は，これまでの物理学におけるエーテルの存在に係わる大論争に哲学的な観点から参入した．ポアンカレの主張は，おおよそ以下のようなものであった．

『アインシュタイン相対性理論の誕生』，安孫子誠也著，講談社現代新書より部分抜粋．）

(ア) 絶対空間はありえない．我々が感知できるのは相対運動のみである．ところが，たいていの場合，あたかも絶対空間があるかのように，力学的事実はそれに関連づけられている．絶対時間はありえない．2つの時間間隔が等しいといったとしても，その言明は何の意味ももたない．それが意味を獲得するのは，そう規約することによってだけなのである．

(イ) 2つの時間間隔どうしの同等性について直接的な洞察がありえないばかりでなく，2つの異なった場所で生じる出来事どうしの同時性についても直接的な洞察はあり得ない．このことはすでに「時間の測定」と題する論文で論じておいた．

(ウ) ユークリッド幾何学それ自体ですら，言葉づかいの規約にすぎないのではなかろうか？　力学的事実は，非ユークリッド空間に完全に関連づけて述べることもできるだろう．非ユークリッド空間は多少不便なものであるが，通常の空間と同程度に正当なものなのだ．

(エ) どのような系の運動も，固定された座標軸から見ても，一直線上で一様な運動する座標系から見ても，同じ法則に従わねばならない．これが相対運動の原理であり，次の2つの理由によって我々に強いられるものである．極めてありふれた実験でもそ

1章 相対性理論の誕生とそれまでの物理的世界観 | 11

れを立証するし，これに反する仮定を置くことは極めて理性に反している．

(オ) ある天文学者が私に，彼がいま望遠鏡でちょうど観測したばかりの天体現象は，実は50年前に生じたものだと言ったとしよう．…私は彼に，なぜそれが分かるのか，つまり，どうやって光速度を測ったか，と尋ねる．「ところが」彼は，最初から，光速度は一定であり，その速度はどの方向へ向かっても変わらない，と仮定していたのである．これは一つの要請なのであって，それは光速度の測定に不可欠な要請でもある．すなわち，この要請を直接的な実験によって立証することは，もともと不可能な事柄である．

(カ) 光学的または電気的現象が地球運動の影響を受けることが，発見されたものと仮定してみよう．もしそうなると，それらの現象は，物体どうしの相対運動だけでなく，それらの物体の絶対運動と思われるものを顕在化させていることになる．その場合に，その絶対運動は空虚な空間に対する変位ではありえないので，エーテルが存在せねばならないことになってしまう．いつかは，それが実現されるのだろうか？ 私はそうは思わない．その理由を説明しよう．…

(キ) 「マイケルソンの実験を説明するという」この仕事は容易なものでなく，ローレンツがそれを成し遂げたとしても，それは仮説を積み上げることによってであった．もっとも天才的な着想は局所時の考えだった．「AとBという2つの場所にいる」2人の観測者が光学的な信号を用いて彼らの時計を合わせる場合を考えよう．彼らは信号を交換するが，光の伝達がなされるのは瞬間的にできないことを知っているので，その交換を注

意深く行う．

(ク) 「光信号で調整された」2つの時計が合っているといえるのは，「一方の時計の」遅れが「光信号の」伝達に要する時間間隔に一致する場合だけである．このとき2つの時計は同じ物理的瞬間に同じ時刻を示すが，それはAとBが空間に固定されているという条件においてのみである．そうでない場合は，伝達に要する時間間隔は「行きと帰りで」同じではなくなる．たとえば，AはBから発せられた光学的擾乱へと向かって進み，一方BはAから発せられる擾乱から遠ざかってゆく．すると，このようにして合わされた2つの時計は真の時刻を示すのではなく，いわゆる局所時を示すことになる．

(ケ) したがって，その一方は他方よりもゆっくり進むことになる．全ての現象は，たとえばAにおいて，遅れて生じ，しかもどれも皆おなじだけ遅れる．それを確認しようとする観測者は，彼の時計もやはり遅れているので，それを知覚することはできない．したがって，相対性原理に合致して，彼には自分が静止しているのか絶対運動しているのかを判断する手段をもたないのである．

(コ) 「物体の質量がその速度に依存するという」これらの結果からは，全く新しい力学が発生する．それは，絶対零度以下の温度が存在しないのと同じように，光速度を超える速度が存在しないという事実によって特徴づけられる．というのは，物体は，それを加速しようとする原因に対して，増大してゆく慣性「質量」で対抗し，その慣性「質量」は物体が光速度に近づくにつれて無限大になってゆくからである．運動している観測者が，自分の見かけ上の速度が光速度を超えると感じていることは

ないであろう．なぜなら，もしそうならば矛盾を来たすからである．というのは，この観測者が使う時計は，固定された観測者が使う時計とは違って，「局所時」を刻んでいるからである．

・・・

　以上が，アインシュタインの相対性理論誕生に至るまでの重要な出来事である．中でも，ここに紹介するポアンカレの主張は，時間というものの定義について深い反省を促しており，光速度の一定性や相対性原理についても言及している．アインシュタインが具現化したとされる特殊相対性理論のほとんどは，こうしてポアンカレによってすでに構築されていたのであった．

2章 アインシュタインの相対性理論

　アインシュタインの特殊相対性理論は，基本的に四則演算のみで導けるので，理論導出のみに限れば中学レベルの数学で対応可能である．そうであっても，「当時の物理学者の中で，それを完全に理解する者は数人であった」などと言われたり，著名な物理学者から疑義を投じられたりして来ているのも事実である．特に，時間に関するパラドックスについては，一般市民をも巻き込んで今日まで数々の論争を引き起こしてきている．

　本章では，アインシュタインが，1905年に与えた特殊相対性理論（spatial relativity）について概略説明を行う．また，その理論から派生されるパラドックスについて説明すると共に，理論の妥当性を示そうとしたいくつかの実証実験，あるいはそれらに投じられた疑義の幾つかについても説明を行う．

2.1 相対性原理と光速度不変の原理

　アインシュタインは，相対性理論を構築するに当たり，二つの原理を導入した．その内の一つは"相対性原理（principle of relativity）"であり，他方は"光速度不変の原理（principle of invariant light speed）"である．

　アインシュタインの原著論文はドイツ語で書かれている．その日本語訳が，内山龍雄氏によって与えられている（『相対性理論』，内山龍雄訳・解説，岩波文庫）．その中から，アインシュタインの論文

の序の部分を，以下に引用させて頂いた．

　動いている物体の関与する電磁現象を，マクスウェルの電気力学を用いて説明しようとする場合——今日，われわれが正しいものと認めている解釈によれば——たとえば，ある二つの現象が本質的には同じものと考えられるにもかかわらず，その電気力学的説明には大きな違いの生ずるという場合がある．よく知られている例として，1個の磁石と，1個の電気の導体との間の電気力学的相互作用について考えてみよう．このとき導体内に電流が発生するという現象が観測される．この現象は導体の磁石に対する相対的運動だけによることが分かっている．

　ところが電気力学による，普通よく知られている解釈によれば，磁石と導体のうちの一方が静止しており他が動いている場合と，これら両者の状態を逆にした場合とでは，電流発生に対する説明はまったく異なったものとなる．いま磁石は動いており，導体は静止しているとすれば，磁石の周囲には，あるエネルギーをもった電場が発生し，導体内の各点において，この電場は，それぞれそこに電流を生み出す．これとは逆に，磁石は静止し，導体が動いているときは，磁石の周囲には電場は発生しない．しかし導体の内部には，電気の流れを引き起こす起電力が生まれる．この起電力自身には，他にエネルギーを与えるという能力はないが，導体内に電流を発生させる．もしこれら二つの例で，導体の磁石に対する相対的運動が同じであると仮定するならば，はじめの例で，二次的に発生した電場の生み出す電流と，第2の例で，起電力が生み出す電流とは，その量においても，また流れの向きについても，まったく同じである．

　上述の話と同じようないくつかの例や，"光を伝える媒質"に対す

る地球の相対的な速度を確かめようとして，結局は失敗に終わったいくつかの実験をあわせて考えるとき，力学ばかりでなく電気力学においても，絶対静止という概念に対応するような現象はまったく存在しないという推論に到達する．いやむしろ次のような推論に導かれる．すなわち，どんな座標系でも，それを基準にとったとき，ニュートンの力学の方程式が成り立つ場合，そのような座標系のどれから眺めても，電気力学の法則および光学の法則はまったく同じであるという推論である．この推論は1次の精度の正確さで，既に実験的にも証明されている．そこでこの推論（その内容をこれから"相対性原理"と呼ぶことにする）をさらに一歩推し進め，物理学の前提としてとりあげよう．

　また，これと一見，矛盾しているように見える次の前提も導入しよう．すなわち，光は真空中を，光源の運動状態に無関係な，ひとつの定まった速さ c を持って伝播するという主張である．静止している物体に対するマクスウェルの電気力学の理論を出発点とし，運動している物体に対する，簡単で矛盾のない電気力学に到達するためには，これら二つの前提だけで十分である．ここに，これから展開される新しい考え方によれば，特別な性質を与えられた"絶対静止空間"というようなものは物理学には不要であり，また電磁気現象が起きている真空の空間のなかの各点について，それらの点の"絶対静止空間"に対する速度ベクトルがどのようなものかを考えることも無意味なことになる．このような理由から，"光エーテル"という概念を物理学に持ち込む必要のないことが理解されよう．

　これから展開される理論では——他のどんな電気力学でもするように——剛体の運動学をその基礎とする．なぜならば，どのような理論でも，そこに述べられることは，剛体（座標系）および時計と

電磁的過程との間の関係に関する主張であるからである．動いている物体の電気力学を考究しようとするとき，われわれが直面するいろいろの困難はすべて，上に述べたような事柄に対して，いままでに，十分な考察をしなかったことがその原因である．

　アインシュタインは，この短い序において，これから述べられる相対性理論がいかようなものであるかを端的に説明している．その中でも特筆される箇所について，以下に若干の補足説明を与えておこう．

　「"光を伝える媒質"に対する地球の相対的な速度を確かめようとして，結局は失敗に終わったいくつかの実験を合わせて考えるとき，…」この部分は，マイケルソンとモーリーの実験結論について述べているものと思われる．

　「どんな座標系でも，それを基準にとったとき，ニュートンの力学の方程式が成り立つ場合，そのような座標系のどれから眺めても，電気力学の法則および光学の法則はまったく同じであるという推論である」この部分は，相対性原理の本質について説明している．

　「また，これと一見，矛盾しているように見える次の前提も導入しよう．すなわち，光は真空中を，光源の運動状態に無関係な，ひとつの定まった速さを持って伝播するという主張である」この部分は，光速度不変の原理の導入にあたる．

　「これと一見，矛盾しているように見える…」と述べている部分は，相対性原理が「すべての力学は相対的に観察されるものである」と説明しているのに対して，「…ひとつの定まった…」と説明していることが，一見して相対性原理に矛盾しているように見えると述べ

ている.

こうして論文の序で明示されているように,アインシュタインは,「相対性原理」と「光速度不変の原理」の2つの原理を相対性理論構築の前提として導入しているのである.

2.2 アインシュタインの相対性理論

図 - 1に示すように,異なる2つの系k及び系Kが存在し,それらのいずれの系内でも物質の運動がニュートンの運動の法則（Newton's laws of motion）に従うものと仮定する.このとき,それら2つの系はいずれも慣性系を成す.

いま,系k及び系K内のそれぞれの座標軸の原点に,観測者A及びBがそれぞれ静座しているものとする.ここで,観測者Aに対して観測者Bの系Kが一定の速度vで移動している場合を想定する.

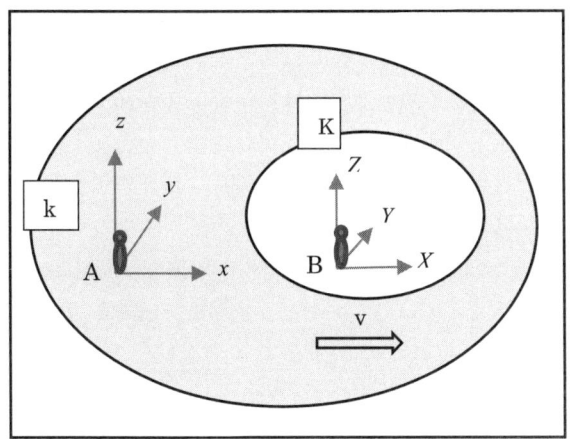

図 - 1　静止系kに対して一定の速度で遠ざかる運動性系K

このようなとき，アインシュタインの相対性理論は，以下のように定義される．ここでは，式形のみをご覧頂きたい．

$$T = \frac{1}{\sqrt{1-v^2/C^2}}\left(t - \frac{vx}{C^2}\right) \quad (1)$$

$$X = \frac{1}{\sqrt{1-v^2/C^2}}(x - vt) \quad (2)$$

$$Y = y \quad (3)$$

$$Z = z \quad (4)$$

ここに，t 及び (x, y, z) は系 k の時間及び空間座標であり，T 及び (X, Y, Z) は系 K の時間及び空間座標を表す．このとき，系 k の x 軸と系 K の X 軸とを平行にしたままで，系 K が系 k に対して一定速度 v で遠ざかっている．C は光の速さ（speed of light）を表し，どの方向に対しても一定値を取る．

図‐2は，図‐1に示す座標軸の関係を分りやすくするために2次元で表したものである．

観測者 A の系と観測者 B の系の空間座標軸は，時間 $t=0$ の時点で，互いに重なっていたものとし，その後，観測者 B の座す系が，x 軸と X 軸とを平行にして，観測者 A の系から一定速度 v で遠ざかっていることが想定されている．

アインシュタインは，一方に対して静止していると想定している観測者 A の系を，他の系と呼び名の上で区別するために，"静止系

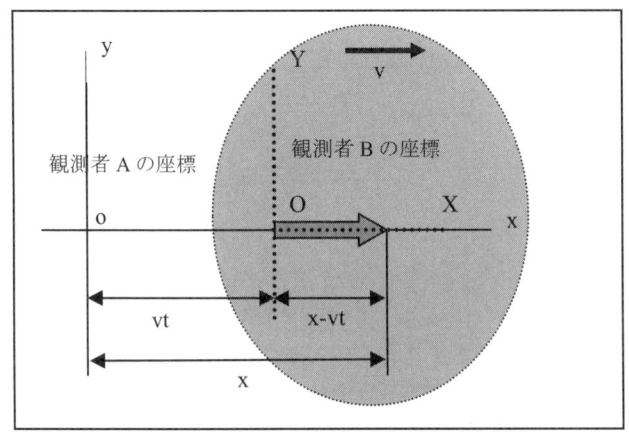

図 - 2　静止系の座標と移動系の座標の関係

(stationary system)"と呼んでいる．一方，静止系に対して一定速度で移動している系を"運動系（moving system）"と呼んでいる．

系K内にある X 軸上の太い矢印は，観測者Aに対して一定速度 v で飛行しているロケットを表す．観測者Aに対するロケットの速度と座標系Kの移動速度とはまったく同じであることから，観測者Bに対して，ロケットは目前に静止している．すなわち，ロケット内のパイロットと観測者Bとは互いに静止した関係にある．したがって，ロケット内のパイロットと観測者Bとは，系Kの時間と空間座標を互いに共有することができる．

観測者Bは，目前に静止しているロケットの長さを互いに静止した状態で直接測定可能である．これに対して，静止系の観測者Aは，そのロケットの長さを，遠隔的に測定する立場となる．

このような状況設定において，アインシュタインによれば，両系の時間及び空間座標の関係は，式（1）〜（4）で表される．

したがって，観測者 A がロケットの長さを，光測量などを用いて遠隔的に長さ l と測定したならば，図‐2 に示す関係から次式が与えられる．

$$l = x - vt \tag{5}$$

アインシュタインは，「観測者 A がロケットの長さ l を測定するには，時間調整された正確な時計を x 軸上に無限に配置し，それらの時計が示すある定まった時刻 t に，ロケットの先端と後端がそれぞれ同時に位置する場所を見定め，後にこの 2 点間の距離を観測者 A の持つ物指を用いて測定すればよい」とする旨の説明を与えている．

式（5）に示す関係を，式（2）に代入して，次式を得る．

$$X = \frac{1}{\sqrt{1 - v^2/C^2}} l \tag{6}$$

ここに，X は，観測者 B が目前に静止しているロケットを互いに静止した関係となって測定した長さであり，これを L とおくと，次なる関係が与えられる．

$$l = \sqrt{1 - v^2/C^2}\, L \tag{7}$$

速度比 v^2/C^2 の値はゼロ以上の値を取るため，$\sqrt{1-v^2/C^2}$ の値は一般に 1.0 以下の数値を取る．したがって，式（7）は $l \leq L$ という関係を与える．すなわち，静止系の観測者 A が一定速度で飛行しているロケットの長さを測定すると，ロケットと互いに静止した関係にある運動系内の観測者 B が測定したロケットの長さ L よりも短いという結果が与えられる．

2章 アインシュタインの相対性理論 | 23

このように,観測者に対して一定速度で移動している物の長さが,観測者に静止して観測されるときの長さよりも短くなっていることは,ローレンツ収縮(Lorentz contraction)と呼ばれている.

同様に,式(1)に式(5)を代入して,次式を得る.

$$T = \sqrt{1 - v^2/C^2}\, t \tag{8}$$

ここに,T は観測者 B の時計が示す時間であり,t は観測者 A の時計が示す時間を表す.したがって,式(8)は,一定速度で移動する運動系内の観測者 B の時計の時刻が,それを観測している静止系内の観測者 A の時計の時刻よりも遅れていることを表す.以下,これを"時間の短縮(time dilation)"と呼ぶ.

アインシュタインは,式(8)に示す関係式を導き,「地球の極に置いてある時計と赤道付近に置いてある時計とは,最初それらが時間調整してあったとしても,時の経過と共に,それらは互いに異なる時刻を示すことになる」と説明している.

このことは,地球の自転に関し,極に置いてある時計は静止していると仮定でき,赤道に置いてある時計はそれに対して高速で移動しているものと設定されるので,式(8)にもとづけば,「赤道に静置した時計は,極に静置した時計に比較して時間が遅れている」と判断されることによる.

2.3 アインシュタインの相対性理論から派生されるパラドックス

アインシュタインは,地球上の極と赤道に置かれた時計を例にとり,「静止していると仮定される系内の時計よりも,それに対して一定速度で移動している系内の時計は遅れ,空間長はその運動方向に

収縮する」と述べている．そのことは，式（7）及び式（8）を以て表される．

例えば，$\sqrt{1-v^2/C^2}$ の値を 0.5 と仮定するとき，式（8）より次式が与えられる．

$$T = 0.5t \tag{9}$$

したがって，例えば，静止している時計が100年の時を刻んだとしても，それに対して動いている時計は，50年を刻んだだけになる．すなわち，一定速度で移動しているロケット内のパイロットや観測者Bは，地上で彼らの帰りを待つ観測者Aよりも50歳も若いというような推論に至る．

このように，静止していると仮定される観測者よりも，それに対して一定速度で移動してきた者が若くなっているとする説明は，日本では浦島太郎の物語の内容に例えて，"浦島効果"と呼ばれる場合もある．

しかしながら，相対性原理によれば，地上の観測者Aとロケット内のパイロット（あるいは観測者B）の関係は，これまでの想定とは全く逆に，ロケットに対して地球が一定速度で移動したのであって，静止していたのはロケットとパイロットであり，地球上の観測者Aが地球と共に一定速度でロケット（あるいは観測者B）から遠のいたのであるという状況説明が許される．

このとき，遅れる時計は地球上の時計であり，「静止していた」と想定するパイロットや観測者Bよりも，彼に対して一定速度で移動していることになる地上の観測者Aの方が50才も若いと計算され，先の計算結果とまったく逆の推論を与える．

このように，観測者の立場を互いに入れ替えてみると，時間に対

する主張がまったく逆になってしまい，結局のところ，いずれの時計が実際に遅れているのか（誰が若いのか）を決定できないという問題を引き起こす．このことは，アインシュタインの相対性理論に関する"双子のパラドックス（twin paradox）"と呼ばれている．

こうしてアインシュタインの相対性理論は，時間に関するパラドックスを派生させるのである．

時間に関するパラドックスと同様に，式（7）の関係からは，長さに関するパラドックスが，次のように派生される．

先と同様に，$\sqrt{1-v^2/C^2}$ の値を 0.5 と仮定して，式（7）に代入すると，次式が与えられる．

$$l = 0.5\,L \tag{10}$$

すなわち，静止している観測者に対して一定速度で飛行するロケットの長さは，パイロットや観測者 B が目前に静止しているロケットの長さを測定した場合の長さ L の半分となる．

この場合も，観測者の立場を入れ替えて，パイロットが，彼に対して一定速度で遠ざかる地球上の観測者 A の傍らに静置されているまったく同じ型のロケットの長さを測定すると，それが観測者 A に静止して観測されるときの長さよりも収縮していることになる．

このように観測者の立場によって，長さの観測結果が相矛盾することは，アインシュタインの相対性理論にまつわる長さのパラドックスと呼ばれている．

2.4 アインシュタインの相対性理論に対する疑義

アインシュタインが式（8）を書き記した瞬間から，今日にいたるまで，様々なパラドックスが派生されてきている．それと共に，相

対性理論に対してさまざまな疑義も投じられてきている．アインシュタインの相対性理論は，主として四則演算から演繹されるがゆえに，物理学者のみでなく，一般市民をも巻き込んで，その是非が議論されている．

物理学の世界に名を馳せた者ですら疑義を投じている．そうした物理学者の主張の中から，イギリス国立物理学研究所（National Physical Laboratory, 略称：NPL）の研究者であった，エッセン（L. Essen）博士の主張を紹介しよう．

エッセン博士は，1971 年に *The Special Theory of Relativity: A Critical Analysis*（特殊相対性理論：批判的解析）という解説書をオックスフォード大学から出版した．その中で，アインシュタインの相対性理論の問題点を指摘したのである．

その主な趣旨は，以下のように要約される．

アインシュタインは，論文中で，最初「静止系の観測者から見る運動系内の時間は静止系の時間より短縮し，長さは収縮している」とする説明であったが，最終結論の部分では，「運動系内の時間は静止系の時間よりも短縮し，長さは収縮している」と説明しており，「観測者から見る…」という部分が欠落している．したがって，正しくは「静止系から運動系内の時計を観測すると，時が遅れて観測される」と説明されなければならない．

エッセン博士は，優れた物理学者として数多くの業績を残しているものの，アインシュタインの相対性理論に対する彼のこの主張は，周りの同僚から「これまでの業績を台無しにするものだ」と忠告されたことなどが，記録として残されている．

エッセン博士は，原子時計（atomic clock）の開発者でもあり，正確な時間の測定や光の速さの測定の業績で知られている．1950 年に，

エッセン博士が与えた光の速さは，299,792.5±km/s であった．現在，定義されている光の速さは，299,792,458 m/s とされている（Wikipedia, 2015年度）．

エッセン博士の主張は，結局のところその後無視されることとなるが，実は，エッセン博士の主張の正しさが新相対性理論の中で示される．「遅れていたのは，静止系から運動系に届く光が伝える時間であった」と結論される（4章参照）．

アインシュタインの相対性理論に対する疑義は，物理学者らによる議論に加えて，これまでに様々な形で投じられてきている．一般市民をも巻き込んだ議論は，著名な雑誌等でも取り上げられている．その議論の盛り上がり様を説明するとなると枚挙にいとまがないほどである．

一般市民による議論の多くは，単純な誤りを含むものが多かった．それがゆえに，今日では，アインシュタインの相対性理論に疑義を投じる者に対しては，「数学や物理学の基本的な知識すらも持ち合わせていない者である」とする揶揄すら浴びせられている．

確かに「アインシュタインの相対理論は誤りである」とする主張の多くは素人の議論であったものの，その議論を激しく非難した自称専門家という人達の多くもまた，単にアインシュタインの主張を代弁するだけであり，独自の理論を生み出し，それを投じての議論ではなかった，という点は指摘しておく必要があろう．ガリレイの牢獄の史実は，いまなお繰り返されているのである．

2.5 アインシュタインの正しさを示す圧倒的な量の実験データ

専門家の議論であっても，素人の議論であっても，アインシュタインの理論の正しさを示す圧倒的なデータ量の前に，勝負はもはや

明白であった．アインシュタインの相対性理論の正しさを示す実験データは，日々増え続けたのであった．

中でも，ヘイフェルとキーティング（Hafele and Keating）が行った実験は有名である．1971年，彼らは4台のセシウム原子時計をジャンボジェット機に積み込み，地上に残した原子時計との間で時間の遅れを実測した．その結果はまとめられ，翌年，世界最高峰を争う権威ある科学誌（SCIENCE, VOL. 177, pp.166–168, 1972）に掲載された．ヘイフェルとキーティングの論文のタイトルは，"Around-the World Atomic Clocks: Observed Relativistic Time Gains"であった．

彼らの実験において，ジャンボ機は，最初東向きに向けて約65.4時間飛行した後に地上に戻り，数日経過して今度は西向きに向けて約80.3時間飛行した後に地上に戻った．それらの飛行の前後で，ジャンボ機に掲載した原子時計とワシントンにある米国海軍天文台の原子時計の示す時間が比較された．

アインシュタインの相対性理論（特殊相対性理論と一般相対性理論）にもとづき，東向き飛行と西向き飛行とに現れる地上の時計と飛行機搭載の時計との時刻の差は，地上の基準時間に対して，それぞれ -40ns 及び +275ns と予測された．

これに対して，実験結果は，東向き飛行の際の時間の差と西向き飛行の際の時間の差について，平均値でそれぞれ-59ns 及び+273nsであった．これらの実測値は，先に示した予測値に比較して妥当なものであり，特に，西向きの飛行による結果は，極めて良い対応を示していると判断された．

飛行中，地上の時計と航空機内の時計とは同条件下での直接比較ができないため，飛行の前後でそれらの差が測定された．しかしながら，航空機搭載の原子時計の時間遅れを測定するためには，地上

から基準となる時間信号を送り続けるか,さもなければ実験終了後にそれらの時間を外挿予測しなければならない.高精度の実測では,航空機内で地上あるいは GPS 衛星からの基準時信号を受信し,それが示す基準時間に対応して航空機搭載の原子時計のパルスがカウントされている.

いずれにしても,一定飛行の前と終了後は,地上から送られる一定間隔の標準時に合わせて両時計のパルスがカウントされ,一定の時間間隔で両時計のパルス数の差が計算される.飛行中の時間差については,飛行前後のデータからその間のデータを補間して時間差が予測されたのであった.この補間作業を経ての予測が,後に,ケリー(A. G. Kelly)によって都合の良い形でのデータの解釈ではないかとの指摘を浴びせられるゆえんとなる.

しかし,この問題については,1996 年,イギリス国立物理学研究所(NPL)が再実験を行っている.この実験は,ヘイフェルとキーティングの実験から 25 周年を記念するものでもあった.

実験では,1 台のセシウム原子時計をロンドンとワシントン間を往復する航空機に載せて行った.ヘイフェルとキーティングの実験から 25 年を経て,原子時計の精度は格段に上がっていることが主張された.理論的には,14 時間のフライトの後に 39.8ns の差が現れると予測された.これに対して,実測値は 39.0ns であった.実験を行った NPL 側は,この結果に対し,±2ns 程度内の誤差の存在は最初から折り込み済であったため,この実測値は驚くべき程に予測値に一致していると称賛した.NPL は,2010 年にも実験を行い,予測値 246±3ns に対して,実測値 230±20ns という数値を得たと報告している.

その他,数多くの実験が行われている.例えば,アレイ(Alley,

1979 年) やベソー (Vessot, 1979) らによってたて続けに実験が行われ,「アインシュタインの言う時間の遅れは 0.0001%以下の誤差をもって実証された」と報じられている. アレイは, 1975 年に米国にて航空機を用いて実験を行い, 15 時間の周回飛行を行っている. また, ベソーは, 1976 年に, ロケットを用いて実験を行っている. この結果は, 原子時計を用いた実験としては, 当時最高の精度と評価された.

その他, 最近においては, GPS (Global Positioning System) が様々な分野で利用されるようになり, アインシュタインの相対性理論はそのシステムの時間調整に必須であることなどが指摘されている.

以上のように, アインシュタインの相対性理論の妥当性を示す実測データは膨大な量に上り,「その妥当性を疑うものは物理学を何ら理解していない者である」とまで言わしめる時代となっている.

2.6 そうであっても, なお投じられる疑義

アインシュタインの相対性理論を構築する上で前提となっているのは, 相対性原理と光速度不変の原理である. その内, 相対性原理は,「2 者間に相対速度が存在するとき, その 2 者の内でいずれが静止しいずれが移動しているものかを決定することはできない」と主張している.

そうだとすると, 地球上の観測者と航空機やロケット内の観測者との内で, いずれが移動しているものかを決定することはできないはずである. そのような観点からすれば,「地球に対してロケットが移動している」とする一方的な判断には納得ができないとするのが, アインシュタインの相対性理論に対していまなお投じられている疑義でもある.

物理学界がこれまで試みてきた数々の実証データによれば,「移動しているのはロケットや飛行機である」と判断される．それがゆえに,「ロケットや飛行機に搭載した時計は地上の時計よりも実際に遅れている」と結論付けられている．そうだとすると，当然ながら「地球上の原子時計は，どこの何に対して時を刻んでいるものか？」と問われる．このことは，まさしく絶対静止空間の探究を甦らせるものであり，絶対性理論の復活ともいえる．

　しかしながら，近代技術の粋を集めた GPS 技術の存在，そして数々の実験データの存在は，これまでに投じられたアインシュタインの理論に対する否定的な見解を問答無用に一掃する勢いにある．

　そのような状況下，ケリー（A. G. Kelly, 2000 年）は，ヘイフェルとキーティングが発表した論文が，データの作為的な解釈であるとする衝撃的な発表を行っている．論文のタイトルは, Hafele and Keating tests: Did they prove anything? (PHYSICS ESSAYS, pp.616–621, 2000) というものであった

　図-3 を見て頂きたい．これは，ヘイフェルとキーティングが論文で公表している図をトレースし，その概要を示したものである（SCIENCE, VOL. 177, pp.166–168, 1972 の中の図-1 を参照）．この図の縦軸は，地上の基準時と航空機搭載の原子時計の示す時間との差を表している．横軸は実験の開始から終了までに地上の時計の示す時間を表している．図中に示す 3 ケタの数値は，飛行機に搭載した 4 台の原子時計の識別番号である．また，東向き飛行（Eastward trip）と西向き飛行（Westward trip）の文字は，それぞれ飛行機が東向きに飛行している時間帯と西向きに飛行している時間帯を表す．

　例えば，番号 361 のグラフは，実験の開始時点から数値の変動傾

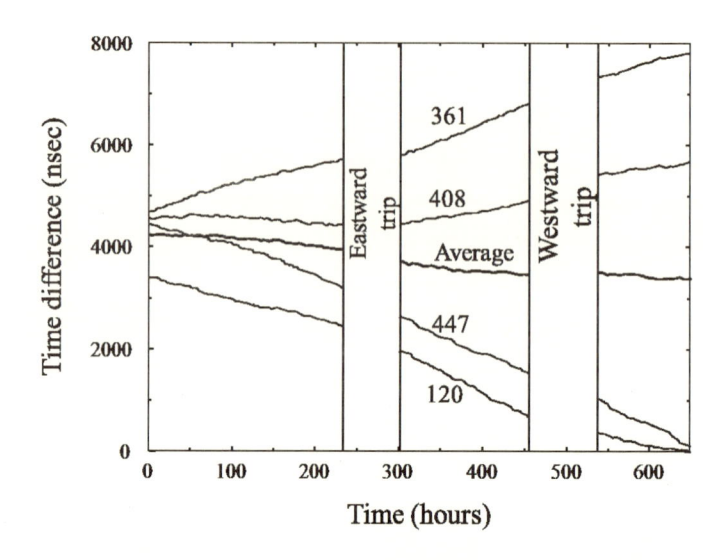

図 - 3　ヘイフェルとキーティングの実験による航空機搭載の原子時計と地上の基準時計との時間差

向が増加気味となっている．したがって，航空機搭載した番号 361 の原子時計と地上の基準時との差は，飛行の有無とは無関係に，時間の経過と共に大きくなる傾向にあったことを示している．

こうしてそれぞれのグラフの示す傾向を詳細に調べてみると，4 個の時計の示す時間差の変動は，それぞれに異なった傾向を示している．それら 4 個の時計の時間差の平均値の傾向は，図中に "Average（平均）" で表すグラフで示されている．この平均のグラフを用いて，飛行機が東向きに飛行する直前と直後の時間を比較すると，明らかにギャップが存在する．飛行直前までのデータの示す傾向を飛行中の時間帯に亘って直線的に補間し，その外挿補間値と飛行直後に直

接測定される時間差との間に現れる差 Δt をここではギャップと呼んでいる．

同様に，西向き飛行の前後の時間で比較してみても，ギャップが存在する．このギャップの大きさこそが，時計が飛行したことによる時間の遅れや進みを表していると説明されている．

このことに関し，ケリーは，「飛行機に搭載した4台の原子時計の平均をとったのは誤りである」と主張している．なぜなら，図に示すように，4台の原子時計のそれぞれの時計が飛行の前後で示す時間差は，一様に増加したり，あるいは一様に減少したりする傾向を示してしている訳ではない．実験中にそれぞれの原子時計が示す地上の標準時との時間差は，それぞれ不規則にドリフトして増加したり減少したりする傾向を示している．すなわち，それらに一貫した変化傾向が存在していない．したがって，「そうした時計の示す時間の平均を用いても意味がない」というのがケリーの主張である．

ただし，機種番号447で示す原子時計の示す時間差は，実験開始から実験終了まで，ほぼ一貫して減少傾向を示しており，その傾向は，飛行機が東や西に飛行している間も維持されていたと推測される．したがって，実験の間中，まともに時を刻んでいた原子時計は番号447のみであると判断される．

しかし，その時計が示す時間差は，いずれの向きの飛行の前後においても有意なギャップを示していない．したがって，「飛行機搭載の原子時計は，地上の基準時とまったく同じ時間を刻んでいたと結論されるべきである」とケリーは述べている．

もちろん，ケリーの主張に対する物理学界の反応は厳しいものがあった．先に説明したイギリスNPLによる再現実験も，こうした批判的な見解を一掃するものであったといえる．このような圧倒的に

優勢な実証データの前に，いかなる批判的な論拠も屈せざるを得ないというのが今日の状況と言える．

2015年6月時点においてNPLが公開しているサイトでは，2010年に行われた再現実験の結果が図をもって示されている．その図によれば，地上に残された原子時計と航空機搭載の原子時計とは，飛行前には完璧なほどにほぼ同じ時刻を示し，それらの時間差はほぼ0nsとなっていることを示している．しかし，飛行終了後には，それらの差が時間と共に230±20 ns当たりから直線的に減少する傾向を示している．すなわち，実験で求めた時間の差は約230nsであったことになる．これに対して，予測値は246±3 nsであった．この結果に対して，NPL側は，驚くべき結果であると称賛，「ヘイフェルとキーティングの実験の時代から30数年を経て，原子時計の精度とポーダブル性能は格段に上がった，これらの性能向上が実験を成功裡に導いた」とする旨の解説を与えている．

2.7 著者の見解

アインシュタインの特殊相対性理論にもとづく時間の短縮に加えて，一般相対性理論から予測される重力による時間短縮効果についても，物理学界は数多くの実験結果を与えており，これら時間短縮効果は，それぞれ極めて高い精度ですでに実証されているといってよいとする説明が与えられている．

確かに，先に述べたNPLの再現実験結果を見ても，予測値と実験結果との一致度は高く，実験に伴う不確定誤差も極めて小さくなっているのを確認できる．したがって，ヘイフェルとキーティングの実験結果に対するケリーの主張の類の疑義は，もはや何の効力も持たない状況下にある．

しかし，静止系と運動系との時計間に，時間の遅れがまったく存在しないことを理論構築の前提とする新相対性理論の立場からは，物理学界が示してきたこうした実験のすべてを否定しなければならない．

詳しくは，4章以降に述べられることであるが，静止系の光が運動系で観測されるとき，その光が伝える時間は短縮している．このことは，理論的に式（4.29）あるいは式（4.46）で表される．しかしながら，そうであっても静止系の時計及び運動系の時計は，それぞれ互いにまったく同じテンポで時を刻んでいる〔式（4.1）参照〕．それがゆえに，運動系の観測者は，自分の時計が示す時間と静止系から届く光が伝える時間とを比較でき，それらの間に時間の差があることを認知可能となる．そのことは，光の相対論的ドップラー効果にも現れていて，その効果の中の相対論的振動数シフトと捉えることができる（6章2節及び4節を参照）．

図‐4に，飛行機搭載の原子時計と静止系の基準時計との時間の差を求める実験結果の概念図を示す．図の縦軸が両時計の時間差を表し，横軸が静止系の時計の経過時間を表す．実験前，実験中，実験後に分けて示してある．実験前には，時間差が増えているので，飛行機搭載すべき原子時計が地上の基準時計に対して進んでいるとしよう．このような状況で，飛行機が一定速度で飛行を開始すると，地上からの基準時間は飛行機内のパルスカウンタに短縮して受信されるため，その短縮した時間を基準とすると，飛行機搭載の原子時計のパルスは振動数が増加してカウントされ，その結果として飛行機搭載の原子時計の時間が短縮して計測される．飛行終了後には，地上の基準時間は短縮することなく飛行機内のカウンタに受信されるため，時間差の経時変化は，飛行前の状況とまったく同じ傾向を

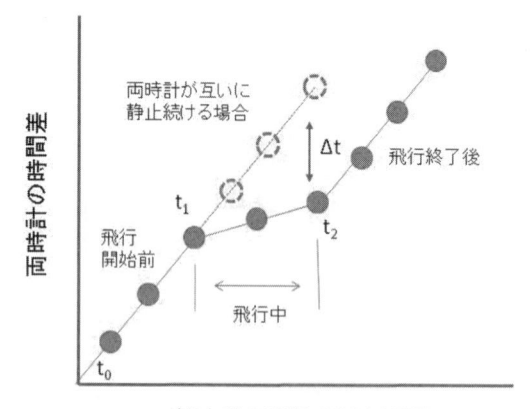

図 - 4　飛行機搭載の原子時計と地上の基準時計との時間差の経時変化の概念図

示すことになる．図に見る飛行前と飛行後の時間差のギャップ Δt が，飛行実験による時間差を表す．新相対性理論に従い飛行機搭載の原子時計は，飛行前，飛行中，そして飛行後も一貫して飛行前と同じテンポで時を刻んでいることを前提として図 - 4 は作成されている．

ところで，静止系から発せられた光が運動系に届くとき，その光が赤方あるいは青方に偏移して運動系の観測者に観測されることは，アインシュタインの相対性理論でも新相対性理論でもまったく同じである．このことは，一般相対性理論に関する重力効果についても同じである．しかし，新相対性理論がアインシュタインの相対性理論と根本的に異なるのは，「静止系及び運動系のそれぞれに，観測者に対して静止している同型の光源の発する光の色は，それぞれの系内の観測者には互いにまったく同じ色（振動数）となって観測される」というところにある．すなわち，両系における光源の振動数は互いにまったく同じでなければならない．

いま，静止系の観測者が，その系内に静止している光源の発する光の色を「黄色」と観測しているとしよう．アインシュタインの相対性理論では，運動系の観測者の時計が静止系よりも実際に遅れるため，運動系内の観測者は，傍らに静置されている静止系と同型の光源の発する光の色を「黄色とは異なった色」として観測していなければならない．（このことについては，議論を簡単にするために，観測者の色識別能力が静止系でも運動系でも同じという前提にもとづいている）

これに対して，新相対性理論では，運動系の観測者も傍らに静止している光源の発する光の色を，静止系の観測者と同様に「黄色」と観測していなければならないと説明する．すなわち，新相対性理論では，静止系及び運動系に静置されている時計は，それぞれ互いにまったく同じテンポで時を刻んでいなければならない．なぜならば，運動系の観測者は自分が座する系を静止系と認識することができ，その系内の力学を静止力学に拠って観測することができるからである．この事は，相対性原理によって保証されなければならない．

こうした議論は，地上において，異なる標高に静置された時計が，それぞれ互いにまったく同じテンポで時を刻んでいなければならないという結論をももたらす．重力の異なる地点から発せられる光を観測すると，振動数シフトが観測される．こうして振動数シフトが観測されていることこそが，両地点（あるいは，両系）で同じ時の流れを計測している事実を示すことになる．

したがって，アインシュタインの相対性理論に対する時間の短縮効果を実証しようと，これまで物理学界が行ってきた実験のすべては，その試みに成功していないと結論される．実験で明らかにしてきたことは，結局のところ，両系の時計がまったく同じテンポで時

を刻んでいることを示してきたに過ぎない．

　その意味においては，ケリーがヘイフェルとキーティングの実験結果に投じたクレームの本意は，必ずしも正しくなかったと判断される．すなわち，ヘイフェルとキーティングの実験において，飛行機搭載の原子時計が，それぞれにランダムな変動を起こしていたとしても，相対速度や重力の作用による時間の短縮や延長（これは，時計の実質的な遅れや進みではなく，例えば，静止系から発せられる光信号が運動系内で時間的に短縮して観測されることを表す）は，観測記録に必ず現れていなければならない．ヘイフェルとキーティングの実験で与えられた平均時間にはそのことが現れていたものと判断され，理論的予測値と観測値とが一致する傾向にあったことは妥当なことであったと評価されよう．転じて，そのことは両系の時計がまったく同じテンポで時を刻んでいたことを示す証でもあったことになる．

　「アインシュタインの式 (8) の存在がある限り，いかなる批判的論拠もその存在に安住の座を得ることはできない」というのがこれまでの状況であった．したがって，アインシュタインの相対性理論を批判するためには，式 (8) に変わる新しい理論を提示することが何よりも先であり，かつ，その主張は，これまで与えられた数多くの実証データや現代技術の粋を集めた GPS の存在根拠をも論理的に説明できるものでなければならない．

　このようなことが可能であろうか？　こうした問いに，現代物理学界における共通の認識は大いに否定的であったことは論をまたない．本書が示す新相対性理論は，このように不可能と思われたことを可能ならしめているのである．

3章　新ガリレイ変換と運動物体の力学法則

　著者が，アインシュタインの相対性理論について疑問を持ち，そのことについて考え始めてから十数年を経た．その間，様々な方向から検討を行い，それぞれにまったく異なる結論に何度も陥った．中でも，「相対性理論は実は絶対性理論である」とする結論に陥ったが，それはアインシュタインの時間短縮の理論を信じればこその当然の帰結であったといえる．

　アインシュタインは「運動系の時計は静止系の時計に対して遅れる」と述べているのであるから，「それでは絶対的に静止している時計はどこにあるのか？」あるいは「地上の原子時計はどこのどのような時計に対して時を刻んでいるのか？」と問うことは自然といえ，著者がかつて絶対性理論へと導かれたことは当然であったといえよう．

　著者は，当初，アインシュタインの相対性理論の数式誘導過程の何処かに何らかの誤りがあるのではなかろうか？　との考えから，その見直しに対する取組を開始した．しかしながら今思ってみると，これまで幾多ものチェックを受けてきている相対性理論の数学的な展開に誤りなどあろうはずもなかった．

　さまざまな仮定を投じては，それぞれに異なる結論を何度も経て，ついに予想もしなかった「誤りはガリレイ変換にある」とする結論に至る．

　我々のガリレイ変換に対する解釈は誤っていたのである．この誤っ

た解釈はそのままアインシュタインによって，彼の相対性理論へと持ち込まれた．その結果，アインシュタインの相対性理論は，相対性理論というよりもむしろ「絶対性理論」とでも呼ばれるべきものとなった．特に，重力環境下で空間が歪みを受けているとする着想はまさにエーテル説・絶対性理論の再来といえる．

ガリレイ変換すなわちガリレイの相対性理論がなぜ誤っているといえるのか？ 正しい相対性理論の考え方はどうあるべきか？ 本章ではそうした問いに答えると共に，アインシュタインによってそれが相対性理論に持ち込まれるまでの過程を議論する．その中では，ニュートンの運動法則も静止力学の立場から議論される．

3.1 ガリレイの相対性理論に対する従来の解釈の誤り

ガリレイの相対性理論，すなわちガリレイ変換（Galilean transformation）は，中学や高校で習う力学の基礎をなすものでもあり，そのことについては理系の者でなくとも一度は目にしていると思われる．

したがって，「そのようなガリレイの相対性理論に，誤りなどあろうはずもない」と思うのは当然のことといえよう．逆に，それがゆえに，今日に至るまで，その問題点が発見されることはなかったといえる．

従来，我々が正しいと認識してきたガリレイの相対性理論は，おおよそ次のように説明される．

図-1に示すように，2つの系k及び系Kの存在を仮定し，それぞれの座標軸の原点に観測者A及びBが静座しているものとする．いま，観測者Bの座す系Kが，観測者Aに対して一定速度vで移動している場合を想定する．こうした仮定において，観測者Aの座す系は静止

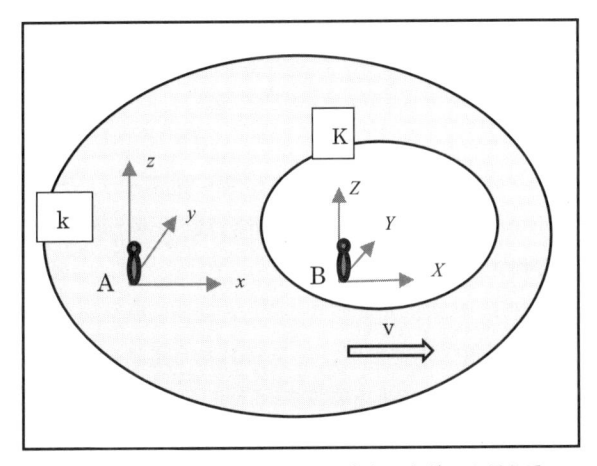

図 - 1　静止系 k に対して一定の速度で遠ざかる運動系 K

系と呼ばれ，観測者 B の座す系は運動系と呼ばれる．

このような条件設定の下に，ガリレイの相対性理論（あるいはガリレイ変換）は，一般に次のように定義される．

$$T = t \tag{1}$$

$$X = x - vt \tag{2}$$

$$Y = y \tag{3}$$

$$Z = z \tag{4}$$

ここに，T 及び (X, Y, Z) は運動系 K の時間及び空間座標であり，t 及び (x, y, z) は静止系 k の時間及び空間座標である．移動速度 v は，静止系に対する運動系の相対速度を表す．

これらの座標系は，時間 $t = 0$ 及び $T = 0$ の時点で，x 軸と X 軸，y

軸と Y 軸，そして z 軸と Z 軸とを互いに重ねた状態にあった．その状態から，運動系 K は，静止時の姿勢を保ったまま x 軸と X 軸とを平行にした状態で，静止系から一定速度で遠ざかっているものと仮定されている．

式 (1) 〜 (4) に示す変換式は，静止系の観測者が，その系の時間及び空間座標から運動系の時間及び空間座標へと観測位置を乗り換えるための変換式となっている．

相対性原理は，観測者 A 及び B が互いの観測位置を乗り換えたとしても，そこに観測される現象は以前の系内から観測される現象とまったく同じとなっていることを要請する．

したがって，式 (1) 〜 (4) で与えられるガリレイ変換を経た後の観測者 A に観測されるすべての現象は，観測者 B の立場で観測される現象となり，以前の観測者 A に観測されていたこととまったく同じとなる．

ここで，ガリレイの相対性理論の誘導過程の原点に立ち戻って，式 (1) 〜 (4) に示す変換の問題点について考えてみよう．

観測者がガリレイの相対性理論を必要としたのは，「自分は静止していると想定している観測者が，彼に対して一定速度 v で移動している運動系内の時間や空間座標，そして力学現象を観測するとき，それらがいかように観測されるものであるか？」という問いに答えるためにあった．

ところが，式 (1) 〜 (4) に示すガリレイ変換が表すことは，静止系の観測者が，変換によって運動系内の観測者の立場に乗りかえることとなっている．

相対性原理によれば，静止系の観測者 A から一定速度で遠ざかっていると観測されている観測者 B であっても，観測者 B の立場からは，

逆に観測者 A が一定速度で遠ざかっているものと観測される．したがって，ガリレイ変換によって観測者 A が観測者 B の座標系に観測の立場を移すと，移動した観測者 A の目前に現れる力学的世界は，以前の座標系内で観測していた静止座標系から見る世界とまったく同じとなる．

すなわち，式 (1) ～ (4) に示すガリレイ変換では，相対論的力学 (relativistic mechanics) がなんら議論されていないのである．これらのことを解決するためには，まず対象としている 2 つの系における力学をそれぞれの系内の観測者が互いにまったく同じ静止力学として観測していることを確認した上で，静止系から運動系内の力学がいかような力学となって観測されるものであるか？ を問わなければならない．

3.2 静止系内の静止力学の法則

ある観測者の定義する空間座標を 1 つの静止系と定義するとき，これに対して一定速度で移動している物体のすべては運動系内に静止した物体として定義される．したがって，静止系内の観測者からその系内に観測されるすべての物体は，静止系の観測者に対して静止していなければならない．

静止系内の観測者 A は，その系内のすべての物体の力学現象をその物体と互いに静止した立場となって観測している．このとき，静止系の観測者の持つ時計の指し示す時刻が静止系内の時間を表す．

物の長さが正しく測定できるということは，「測定対象物の測定範囲の始点と終点とに同時に物指しをあてがって，それらの始点と終点とが指す物指しの数値を読み取ることができる」ということである．静止系内に静止している物は，このような方法によってその系内の観

測者から正しく測定される．また，静止系内の観測者は，静止系内を自由に移動することが可能であるため，その系内のいかなる地点における時計も観測者の持つ時計とまったく同じ時刻を指し示すように調整できる．

このような仮定の下に，静止系の観測者の目前に静止している質点が，微小時間 Δt 内にその位置を微小距離 Δx だけ移動したとき，観測者には平均速度 $\bar{u}$ が，次のように定義される．

$$\bar{u} = \frac{\Delta x}{\Delta t} \tag{5}$$

微小時間が無限小時間 dt と見なせ，それに対応した移動距離も無限小距離 dx と見なせるとき，速度（velocity）の普遍的な定義が可能となり，次のように定義される．

$$u = \frac{dx}{dt} \tag{6}$$

ここに，u は質点が静止状態から獲得した速度を表す．

さらに，こうして定義される速度に対し，その時間変化率が，次のように定義され，一般に加速度（acceleration）と定義される．

$$a = \frac{d}{dt}\left(\frac{dx}{dt}\right) = \frac{du}{dt} \tag{7}$$

ここに，a は静止状態から生じた加速度を表す．

こうした物理量の定義の下に，静止系における静止力学（statics）の法則が次のように与えられる．

1）慣性の法則（law of inertia）

静止系内に静止しているすべての物体は，その状態を保持しようと

する慣性をもっている．これを慣性の法則と呼ぶ．また，慣性の法則が成立する系を慣性系と呼ぶ．

2）作用反作用の法則（law of action and reaction）

静止系内で静止しているすべての物体に作用している力の和は常にゼロである．したがって，物体に力が作用するとき，その物体が静止し続けるためには，その力（作用）と逆向きに同じ大きさの力（反作用）が発現していなければならない．これを作用反作用の法則と呼ぶ．

3）運動の法則（law of motion）

静止した物体が，作用力によって無限小時間 dt 内に，無限小距離 dx だけ移動するとき，慣性の法則に逆らうことによる一種の抵抗力（慣性力）が現れ，それと作用力との間に作用反作用の法則を成立させ，静止力学を成立させる．

このとき，作用力と慣性力との間に，次なる関係が成り立つ．

$$f_0 - m_0 \frac{d}{dt}\left(\frac{dx}{dt}\right) = 0 \tag{8}$$

あるいは

$$f_0 - m_0 \frac{du}{dt} = 0 \tag{9}$$

これらの式の左辺の第1項は作用力を表し，第2項は慣性力（inertial force）を表す．第2項に見る物理量 m_0 は，慣性質量（inertial mass）と呼ばれる．慣性力は，作用力に対する一種の抵抗力としての物理的意味を持つので，作用力に対して常に負の方向に働く．

式（9）は，従来のニュートン力学（Newtonian mechanics）において運動方程式と呼ばれるものと形式上同一である．従来のニュートン力

学においては,運動方程式は一般に,次のような形に与えられている.

$$m_0 \frac{du}{dt} = f \qquad (10)$$

この式の物理的意味は,「速度 u を有する物体に力を作用させたとき,物体が得る速度の時間変化率は,作用力に比例し,慣性質量 m_0 に反比例する」と解されている.

ニュートンの運動の法則は,慣性の法則において,「力が作用しない限り,静止物体は静止し続けようとし,一定速度で運動する物体はその速度を保持しようとする」と説明している.

すなわち,ニュートンの運動法則は,観測者に対して静止している物体と一定速度で運動している物体とを一体的に取り扱っており,静止物体と運動物体とに何らの力学的相違をも与えていない.

そのような考え方で良いのだろうか? という議論が,ニュートンの時代に長らく行われている.この問いに答えようとするのが相対論的力学の芽生えといえるが,その議論は従来のガリレイ変換すなわちガリレイの相対性理論を以て片づけられることとなった.しかし,その結論は正しくなかった.

以下にその議論を修正する.

ここで,静止系の観測者や運動系の観測者のそれぞれの位置づけを明確にするために,静止系の観測者を観測者 A と呼ぶことにする.その上で,観測者 A とはまったく独立して,もう 1 人の観測者 B の存在を仮定する.観測者 B は,観測者 A の存在とはまったく無関係に,独自の空間座標及び時間を設定できる.

しかし,このような観測者 B であっても,相対性理論を議論する場合にあたっては,空間と時間の関係,速度の定義,加速度の定義,そ

して運動の法則は，観測者 A が行う方法とまったく同じ方法で定義されなければならない．そのことは，相対性原理「いかなる慣性系においても物理法則はまったく同じでなければならない」によって要請されることとなる．

その結果，観測者 A が観測者 B の座標系に乗り移ったとしても，観測者 A はそこに以前の系との違いを見出すことはできない．このことは観測者 B に対してもまったく同様である．このようなことは，相対性理論を議論するに当たっての前提条件（対称性条件）として，暗黙裡に承知されていなければならない．

3.3　新ガリレイ変換と相対論的力学

前節までの議論は，観測者の定義する系内ですべての測定対象物が静止している場合の静止力学についてであった．その中では，観測者 A の定義する静止系，そして観測者 B が自分は静止している者と判断して定義されるもう一つの静止系が，それぞれに定義された．

このような状況下において，本節では，観測者 B の系が，観測者 A の系に対して一定速度で移動している状況を想定する．このとき，観測者 A の立場にもとづいて，観測者 A の系は静止系（stationary system），観測者 B の系は運動系（moving system）と定義される．

逆に，観測者 B が自分の座す系を静止系と認識した上で，観測者 A の系を観測するとき，観測者 A の座す系は運動系を成す．このようなことが成立することは，相対性理論を考える上での前提条件である．

前節においては，観測者に対して静止している物の静止力学法則が議論された．これからの議論は，観測者の座標系に対して一定速度で移動している系内の力学の観測である．すなわち，一定速度で移動している運動系内に静止している物の力学を，静止系から観測すること

にある．

　観測者に対して静止している物の力学が静止力学と呼ばれるのに対して，運動系内に静止している物の力学を静止系から観測することを相対論的力学と呼ぶ．

　静止系内の観測者 A は，座標変換あるいは，運動系と併走する移動座標系（a reference frame moving in parallel alongside the moving system）の構築という手法を用いて，静止系内で定義される静止力学法則の知見を運動系内の観測に持ち込むことができる．

　すなわち，静止系の観測者から一定速度で運動していると観測されている運動系であっても，それと併走する移動座標系を構築することができて，観測者の座標軸をその移動座標系に移しかえることができれば，その観測者に観測される運動系内の世界のすべてが静止したものとなり，持ち込んだ静止力学の法則の知見をそのままそこで活かすことができる．

　以降の議論を行うに当たり，観測者 A の設定する静止座標系の空間座標及び時間をそれぞれ (x,y,z) 及び t で表し，観測者 B（運動系）のそれらを (X,Y,Z) 及び T，さらに移動座標系（静止系から座標変換を経た後の観測者，これを観測者 A′ と呼ぶ）のそれらを (x',y',z') 及び t' で表すことにする．

　4 章にて詳しく議論されることであるが，光測量を用いるとき，移動座標系（すなわち，観測者 A′）の時間及び空間座標と静止系のそれらとの関係は，次のように与えられる．

$$t' = \frac{1}{\sqrt{1-v^2/C^2}}\left(t - \frac{vx}{C^2}\right) \qquad (11)$$

$$x' = \frac{1}{\sqrt{1-v^2/C^2}}(x-vt) \tag{12}$$

$$y' = y \tag{13}$$

$$z' = z \tag{14}$$

ここに，C は光の速さを表す．

ここで，$v^2/C^2 \ll 1$ なる条件を課すと，式（11）～（14）は，次のように与えられる．

$$t' = t \tag{15}$$

$$x' = x - vt \tag{16}$$

$$y' = y \tag{17}$$

$$z' = z \tag{18}$$

式（15）は，条件 $v^2/C^2 \ll 1$ が成立する限り，移動座標系の観測者 A′は静止系の時計の示す時間と同じ時間を用いて観測を行ってよいことを示している．その結果，移動座標系の観測者 A′が用いる空間座標の単位は，静止系のそれとまったく同じものとなる．

同様に，アインシュタインの相対性理論に示す式（2.1）～（2.4）に対して，条件 $v^2/C^2 \ll 1$ を課すことで式（1）～（4）を得ることができる．式形のみを比較し，式（11）から式（18）までに至る過程に，アインシュタインの相対性理論から派生される結果とまったく同じものであるとするクレームを付けられる可能性がある．

しかしながら，式（11）から式（18）に至る展開では，静止系の観

測者が移動座標系を構築し，それを運動系と併走させて運動系内の静止力学を観測しようとするところに，従来のガリレイ変換との本質的な相違がある．

式 (15) ～ (18) に示す変換式の場合，移動座標系（観測者 A'）の時間及び空間座標を静止系のそれらと結び付けている．これに対して，ガリレイ変換の式 (1) ～ (4) は，運動系の時間及び空間座標を静止系のそれらと結びつけているという点に両者の根本的な違いがある．

静止系及び運動系に加えて移動座標系を位置づけることは，静止系の観測者が運動系の時間や座標軸を観測するときにいかように観測されるものであるか？　という問いに答えるためであり，逆に，運動系の観測者が静止系の時間や座標軸を観測するときにいかように観測されるものであるか？　という問いに答えるためにある．

アインシュタインは，運動系の時間及び空間座標を静止系のそれらと関連付け，運動系の時計は静止系の時計に比較して遅れると結論付けている．すなわち，式 (1) に示す静止系の時間と運動系の時間とを直接的に結び付けるガリレイ変換の精神が，そのままアインシュタインの相対性理論に持ち込まれた形となっている．

アインシュタインの相対性理論もそうであるように，式 (1) は，静止系の時計の指す時間と運動系の時計の指す時間との関係を表すものであり，それらの間に時間的遅れが生じる場合，時間に関する双子のパラドックスが発生してしまうことは明らかである．

こうして座標変換後の観測者の立場がそのまま運動系の観測者の立場となるという従来の変換則は否定されなければならない．また，「移動座標系内の観測者 A'（座標変換後の静止系の観測者）による運動系内の観測」という相対論的観測の基本精神を欠いていたという意味においては，ガリレイ変換に対するこれまでの我々の理解は誤って

いたと結論してよかろう．

本節で位置づけられる式（15）～（18）に示す変換式を経ての運動系内の力学の観測は，相対論的力学を成す．したがって，式（15）～（18）に示す変換式は，従来のガリレイ変換と本質的に異なり，新ガリレイ変換と呼ぶことができる．

以下においては，新ガリレイ変換にもとづいて，相対論的力学が議論される．

先ず，長さや時間の観測について検討する．

静止系の観測者Aが，彼に対して一定速度で移動している物体の長さを測定しようとするとき，測定対象物が静止座標系に対して一定速度で移動しているため，その物体の両端に物指しを同時にあてがうことが困難であり，測定した長さが正しいものとなっているかが疑われる．

これに対して，静止系の観測者Aが設定する移動座標系を通じた測定では，観測者A'は測定対象物体に併走しているため，観測者と測定対象物とは互いに静止した関係にあり，観測者はその測定対象物の両端に物指しを同時にあてがって測定することが可能である．したがって，静止系の観測者が移動座標系を通じて観測する物の長さは正しい観測値となる．

式（15）～（18）に示す新ガリレイ変換は，こうして移動座標系を通じて行った相対論的時間及び長さの測定結果（左辺）と，静止系の観測者がそれを静止系から直接観測した結果（右辺）とが，時間においても長さにおいてもまったく同じとなっていることを示している．

次に速度の相対論的観測について検討する．

観測者Bの座す運動系内に現れる速度は，移動座標系を通じて，次のように静止系の観測者Aから相対論的に測定される．

移動座標系を通じて観測される無限小時間 dt', さらに無限小距離 dx' を用い, 相対論的に観測される速度は, 静止状態から獲得する速度として, 次のように定義される.

$$v' = \frac{dx'}{dt'} \tag{19}$$

ここに, v' は移動座標系の時間及び空間座標を用いて観測される運動系内の相対論的速度（relativistic velocity）を表す.

式 (19) に, 式 (15) 〜 (18) で表される新ガリレイ変換を代入し,

$$v' = \frac{dx'}{dt'} = \frac{dx}{dt} - v \tag{20}$$

すなわち, 次式を得る.

$$u = v + v' \tag{21}$$

ここに, 式 (21) の左辺に示す速度 u は, 静止系の観測者が対象物の速度を静止系から直接測定した場合の値を表す. この関係式を, 新ガリレイ変換に対する"速度合成則（velocity composition law）"と呼ぶことができる.

ここで注意しておかなければならない点がある. 式 (20) において, 座標系と時間を移動座標系の単位から静止系の単位に置き換えている. したがって, 式 (20) に見る速度 v' は, 静止系と同じ単位系を用い, そして観測者 A' と互いに静止した関係にある運動系の観測者の観測結果へと代わっている.

すなわち, 運動系内の観測者 B が測定する静止力学としての速度を V で表せば, 式 (20) 及び (21) に見る速度 v' には, 次の関係が成立する.

$$v' = V \tag{22}$$

次に，相対論的に定義される加速度及び運動方程式について議論する．

これまでの議論に従い，移動座標系の観測者に定義される相対論的加速度（relativistic acceleration）a' は，移動座標系の時間及び空間の単位を用い，次のように定義される．

$$a' = \frac{d}{dt'}\left(\frac{dx'}{dt'}\right) = \frac{dv'}{dt'} \tag{23}$$

式（23）に新ガリレイ変換を作用させ，速度 v が一定であることを考慮して，次なる関係を得る．

$$a' = \frac{dv'}{dt'} = \frac{du}{dt} = a \tag{24}$$

ここに，加速度 a は，対象物の加速度を静止系の観測者が直接観測するときの値を表す．式（24）においても，時間及び空間の単位は移動座標系から運動系の単位に変換されている．したがって，式（24）の加速度 a' は運動系の観測者の観測する加速度 A と同じものとなる．

静止系の観測者が移動座標系を通じて観測している観測者Bの運動系は，1つの慣性系を成すことが議論の前提となっている．したがって，移動座標系から観測される運動系内の力学には静止系とまったく同じ力学法則が成立していなければならないことが相対性原理によって要請される．

よって，移動座標系の時間及び空間座標をもって定義される相対論的な力学（これを以下，相対論的力学と呼ぶ）は，例えば x' 軸方向に

作用する力 f' に対して，次のように与えられる．

$$f' - m'\frac{d^2 x'}{dt'^2} = 0 \tag{25}$$

ここに，m' 及び f' は移動座標系の観測者 A′に観測される慣性質量及び作用力を表す．

式（25）に新ガリレイ変換を作用させて〔式（15）〜（18）を作用させて〕，次なる関係式を得る．

$$f_0 - m_0 \frac{du}{dt} = 0 \tag{26}$$

ここで，新ガリレイ変換を作用させた時点で，空間や時間の単位が移動座標系の単位から運動系の単位（静止系の単位と同じ）に変換されるため，慣性質量や作用力は，m' から m_0 へ，f' から f_0 へとすでに代えられている．

静止系の観測者 A に対して，運動系の移動速度 v が微小時間内に dv の変化を見せたことが，速度変化 du として観測されているとすると，式（26）は，次のように与えられる．

$$f_0 - m_0 \frac{dv}{dt} = 0 \tag{27}$$

すなわち

$$m_0 \frac{dv}{dt} = f_0 \tag{28}$$

しかしながら，4 章で詳しく議論されるように，式 (11) より式 (15)

を得るために与えた条件 $v^2/C^2 \ll 1$ を取り払えば，式 (28) は，本来次のように書かなければならない．

$$\frac{d}{dt}\left(\frac{m_0 v}{\sqrt{1-v^2/C^2}}\right) = f_0 \tag{29}$$

したがって，新ガリレイ変換に対して付与されている条件 $v^2/C^2 \ll 1$ は，式 (29) を次のような形に至らせる．

$$\frac{d}{dt}(m_0 v) = f_0 \tag{30}$$

ここに，物理量 $m_0 v$ は古典力学（classical mechanics）において運動量（momentum）と定義されている．

したがって，式 (30) の意味するところは，「静止系の観測者から一定速度で移動している運動系内の力学は，運動量 $m_0 v$ を一定に保とうとする慣性が本質となっている」と解することができる．

式 (28) から式 (30) を得るには，条件 $v^2/C^2 \ll 1$ の下で，次なる条件を必要としている．

$$\frac{dm_0}{dt} = 0 \tag{31}$$

式 (31) は，古典力学において，質量保存則（mass conservation law）と呼ばれている．

次に，式 (29) の右辺に現れている力の作用にポテンシャル力のみを考えれば，次式が得られる．

$$\frac{m_0 C^2}{\sqrt{1-v^2/C^2}} + \Omega = const. \tag{32}$$

ここに，Ω はポテンシャルエネルギーを表す（詳細は，4 章を参照）.

式（32）の左辺の第 1 項にテイラー展開を適用して，次式を得る.

$$\left(m_0 C^2 + \frac{1}{2} m_0 v^2 + \cdots \right) + \Omega = const \tag{33}$$

条件 $v^2/C^2 \ll 1$ の下で，式（31）を与え，さらに光の速度 C に一定値を付与することができれば，式（33）は次なる関係式を与える.

$$\frac{1}{2} m_0 v^2 + \Omega = const. \tag{34}$$

式（34）は，古典力学において力学的エネルギー保存則（energy conservation law）と呼ばれている.

4 章で詳しく議論されるように，静止物体の力学的エネルギーの大きさは，C^2 をエネルギー素として，慣性質量をもって表される. 相対論的運動力学においては，次に示す物理量 m が相対論的慣性質量（relativistic inertial mass or relativistic mass）と定義される.

$$m = \frac{m_0}{\sqrt{1-v^2/C^2}} \tag{35}$$

式（32）及び式（33）で見るように，物理量 m はエネルギーの大きさを表す量ということができる. 式（29）では，作用力はこの物理量

と速度との積で与えられる相対論的運動量 mv の時間的摂動をもたらすと定義されている．また，式 (33) の左辺第 1 項に示されるように，相対論的慣性質量には，移動座標系から静止して観測される慣性質量の寄与分に加えて，静止系から観測される運動物体の運動エネルギーの寄与分が含まれている．こうして，運動物体の力学に対しては，相対論的慣性質量が，本質的な役割を担っている

式 (11) から式 (34) に至る過程における議論を，静止力学及び相対論的力学の観点からまとめると，次のようになる．

静止力学法則：
1）静止している物体はその状態を保持しようとする慣性が存在する．その大きさは，慣性質量 m_0 をもって測られる．
2）静止している物体に作用する力の和は常にゼロである．
3）物体の慣性は作用力に対して抵抗するように働き，その抵抗力と作用力との間に式 (9) が成立する．

静止系の観測者は，新ガリレイ変換を通じて（すなわち，移動座標系の構築を通じて），運動系の静止力学法則 (laws of statics) を相対論的力学法則 (laws of relativistic mechanics) として成立させることができる．

相対論的力学法則：
1）静止系に対して一定速度で運動している物体には，その運動状態を保持しようとする慣性が存在する．その運動慣性の大きさは運動量 mv（新ガリレイ変換では，$m_0 v$）を以て測られる．
2）運動物体の運動量が保持されるためには，物体に作用する力の和が常にゼロでなければならない．

3）運動物体の運動慣性は作用力に対して抵抗するように働き，その抵抗力と作用力との間に式 (30)〔すなわち，式 (29)〕が成立する．

以上において，静止系の静止力学法則，そして静止系から観測される運動物体の相対論的力学法則は，上記 1)～3)で表されるように，ニュートンの運動法則に習って 3 つの部分に整理された．これらをエネルギーという観点から整理すると，次のようにまとめられよう．

式 (33) に示されるように，物質は観測者に対して静止している状態あるいは運動状態に応じた相対論的力学エネルギーを保持している．物質の持つ相対論的エネルギー量は，大きさ c^2 で与えられる量をエネルギー素とし，相対論的慣性質量の大きさをもって測られる．物質は，その運動状態に応じたエネルギーを保持しようとする慣性を有している．それに外から力を加えたとき，その力の成す仕事量は，エネルギーの増加量と等価となる．また，作用力は運動量（運動物体の慣性）に時間的変化をもたらす．

運動物体の力学法則は，元はといえば静止力学法則の式 (25) から派生されたものである．すなわち，静止系の観測者が移動座標系を通じて観測する運動系内の静止力学に，新ガリレイ変換を適用して得られている．最終的に式 (30) の形に得られた運動方程式（すなわち，相対論的運動方程式）は，静止系から観測される運動物体の運動方程式がいかような形に表されるものであるかを示している．すなわち，静止物体の力学的本質は質量をもって測られる慣性にあり，運動物体の力学的本質は相対論的運動量をもって測られる慣性にあることを示している．

ここで改めて古典力学におけるニュートンの運動の法則が意味して

いたことを考えてみると, それは物質の静止状態と運動状態の力学法則を一体的に取り扱っており, 一見, 相対性理論を先取りした形にあった. しかしながら, それはそうではなく経験力学の域を何ら超えていなく, 静止している物体と運動物体とを等価的に取り扱っている.

これまでの議論において, 条件 $v^2/C^2 \ll 1$ が満たされる環境下で, 物体の運動は, ほとんどすべてニュートンの運動の法則で規定されるように見える. しかしながら,「物体の運動速度が光の速度と比較されなければならない」という条件の存在は, ニュートンの時代からは想像すらもできないことであった. その意味において, 条件 $v^2/C^2 \ll 1$ の価値は, これまでの我々の理解を超えて高いものがあるといってよいのではなかろうか.

ニュートンから300余年を経てもなお, 力学の教育現場においては, 公式的な形 (あるいは, 暗記ものの形) に述べられる運動の法則が連綿として教えられている. これは1つには理解のしやすさを助けるという利点を有するものの, それが運動の法則を無味乾燥なものとしているのも事実であろう.

力学における運動の法則としては, 観測者に対して静止している物の静止力学法則が位置づけられる一方で, 運動している物の力学がいかような法則に支配されるものであるかを問うという相対論的力学の思考を促すものともなっていることが重要といえる. そのためには, 相対性原理から導かれる相対性理論を, 運動の法則に冠する物理法則として位置付けることが肝要といえる.

4章　新相対性理論

　前章までに従来のガリレイ変換の問題点やアインシュタインの相対性理論に係わる問題点が明らかにされた．ここに新しく矛盾のない新相対性理論が構築される．

　運動系を観測するために，静止系の観測者が構築する移動座標系の時間及び空間座標と静止系のそれらとの関係を見出すことが，新相対性理論構築の鍵となる．そのことに関して，従来の相対性理論は，運動系の時間及び空間座標と静止系のそれらとの関係を示すことにあった．

　新しい相対性理論はいかようなものか？その全様が以下に説明される．

4.1　相対性原理の導入

　理論構築にあたって，まず相対性原理を導入しよう．

　相対性原理とは，「いかような慣性系においても，物理現象はまったく同じ物理法則をもって表される」と一般に説明されている．

　したがって，ある慣性系で生じる力学現象が，3章で論じた静止力学法則に従うのなら，他の慣性系においても力学現象はあまねくその静止力学法則に従わなければならない．その結果，静止力学法則が成立するような座標系を，一般に慣性系と呼ぶことができる．

　同様に，相対性原理によれば，ある慣性系で光の伝播など電磁現象が静止系のマクスウエル（James Clerk Maxwell, 1865年）の電磁

理論で説明されるとき，他の慣性系においてもそのことが成立していなければならない．したがって，広義においては，光の速度が等方的で一定値となって観測される座標系を慣性系と呼ぶことができる．

力学現象を考究するに当たり，相対性原理は，絶対静止空間の存在をまったく必要としないことを主張する．したがって，ある慣性系が2つ存在したとき，その慣性系間に現れる力学現象を観測し，その2つの系の内でいずれが絶対的に静止した系でいずれが運動している系であるかを決定することはできない．

アインシュタインは，相対性原理と光速度不変の原理の2つを，相対性理論構築の前提条件として導入している．しかし，相対性原理に従えば，ある慣性系で光の速度が等方的で一定値となって観測されるものであるのなら，他の慣性系においてもそのことはあまねく成立していなければならない．したがって，これから説明される新相対性理論においては，その理論構築の前提条件として，相対性原理のただ1つが導入される．

相対性原理の意味するところを再度ここに要約しておこう．

我々は，観測対象としているいくつかの系間に現れるいかなる力学現象（あるいはいかなる電磁現象）を観測したとしても，それらの系の内でいずれが静止した系で，いずれが運動している系であるかを決定することはできない．もし，そのことが決定できるのなら，物理学は絶対静止空間の存在を受け入れなければならず，相対性理論は破綻を来す．

これらのことを総じて，「いかような慣性系においても，物理現象はまったく同じ物理法則を以て表される」と読み替えることができる．

4.2 新相対性理論の概観

新相対性理論を導くに当たって、まず相対性原理の下に2つの慣性系の存在を仮定しよう。便宜上、これら2つの慣性系の内の一方を静止系と呼び、他方を運動系と呼ぶことにする。その上で、静止系内に座す観測者を観測者Aとし、これに対して一定速度vで移動する運動系内に座す観測者を観測者Bと呼ぶことにする。

相対性原理は、「慣性系間に現れるいかなる力学を観測したとしても、それにもとづいて、いずれの系が静止しておりいずれの系が運動しているものかを定めることはできない」と主張する。したがって、ここに静止系や運動系と定めるのは、呼び名の上で2つの系に区別を与えるためだけの理由による。

その結果、基準となる観測者を観測者Bに位置づければ、相対性原理に拠って、観測者Bの座す系が静止系となり、逆に、観測者Aの座す系は運動系となる。

このような条件の下に、静止系内の観測者Aに対する時間及び空間座標をt及び(x, y, z)で表す。また、運動系内の観測者Bに対する時間及び空間座標をT及び(X, Y, Z)で表すことにする。

時間が$t = T = 0$の時点で、この2つの系は互いに静止しており、座標軸のx軸とX軸、y軸とY軸、そしてz軸とZ軸とを互いに一致させている。その後、静止系から眺めれば、運動系がx軸に沿って静止時の姿勢を保ち、一定速度で遠ざかっていくような状況を想定する。

このような条件設定の下で、静止系と運動系との間に対称性(相対性)が成立しているためには(すなわち、いずれの座標系から眺めても条件設定がまったく同じとなるためには)、いかなる時点においても、それぞれの系に静置されている正確な基準時計のさす時刻

について，次なる関係が成立していなければならない．

$$t = T \tag{1}$$

この条件は，例えば静止系で10時間という時が経過したのなら，運動系でもまったく同じように 10 時間が経過していなければならないという時間に関する対称性を表している．

また，それぞれの系内の空間において，光が単位時間内に進む距離は，以下のように測定されていなければならない．

静止系について

$$x = Ct \tag{2}$$

$$y = Ct \tag{3}$$

$$z = Ct \tag{4}$$

運動系について

$$X = CT \tag{5}$$

$$Y = CT \tag{6}$$

$$Z = CT \tag{7}$$

式（1）の関係が成立しているため，式（2）〜（7）に示す関係式は，静止系あるいは運動系のいずれにおいても，光を用いて単位時間当たりに測定される空間長は，いずれの軸方向に対しても等しい．すなわち，空間及び時間の単位は，いずれの系内においてもまったく同じとなっている．

以上の条件設定により，いずれの系内の観測者も，自分が座す系

を静止系と認識する限り，その系は便宜的に静止系と設定され，その系から一定速度で移動して観測される他の系は運動系として設定される．これによって，系間の対称性が保証される．

式（1）の条件設定により，静止系内の観測者も運動系内の観測者も，共にまったく同じように年を重ねる．したがって，新相対性理論に関しては，アインシュタインの相対性理論から派生されるような双子のパラドックスが生れる余地は存在しない．もちろん，長さのパラドックスの問題が生じることもありえない．このことについては，5章において詳しく説明される．

静止系の観測者Aから眺めると，観測者Bの座す系（運動系）が一定速度で移動しているのが観測される．このような時，観測者Aがいま眺めている観測者Bの世界は，それが最初，互いに静止した関係となって観測されていたときの世界とは異なって観測されている可能性がある．

静止系から測定されている運動系の時間や空間長，物の長さ，質量，エネルギーなどが，観測者の傍らに静止して観測されていたときの大きさとどう関連付けられるかを明らかにすることが求められる．それに応えるのが新相対性理論である．

2章で議論したように，従来のアインシュタインの相対性理論は，静止系の時間及び空間座標を運動系のそれらと関連づけるものであった．その結果，運動系の時間及び空間座標の単位は，静止系のそれらと異なっていると判断された．すなわち，運動系の物理現象は静止系に対して相対速度を有するや否や，静止時のそれとは異なるものへと変質することになる．

新相対性理論では，静止系の観測者は，運動系内の物理現象を観測するために，まず運動系と併走する移動座標系を新たに設定する．

ついで，相対速度に依存した時間と空間の単位をその移動座標系に付与し，それらの新しい単位を用いて，運動系の観測を行う者となる．

そのように設定した移動座標系からは，運動系内に静止しているすべての物が互いに静止して観測される．こうして移動座標系に付与すべき時間及び空間の単位と静止系のそれらとの関係を明らかにすることが，新相対性理論の根幹を成す．

以下に，新相対性理論の概要を示すことにする．

静止系の観測者 A が，運動系内の力学現象を観測するために設定する移動座標系の時間及び空間座標と静止系のそれらとの関係は，次のように与えられる（これらの式の演繹過程は，後の節で詳しく説明される）．

$$t' = \frac{1}{\sqrt{1-v^2/C^2}}\left(t - \frac{vx}{C^2}\right) \tag{8}$$

$$x' = \frac{1}{\sqrt{1-v^2/C^2}}(x - vt) \tag{9}$$

$$y' = y \tag{10}$$

$$z' = z \tag{11}$$

ここに，t' 及び (x', y', z') は，静止系内の観測者 A が設定する移動座標系（観測者 A′）の時間及び空間座標である．

式 (8) 〜式 (11) をもって理解されるように，アインシュタイン

が与えた相対性理論との大きな相違は，アインシュタインの相対性理論が変換後の時間及び空間座標を運動系（観測者 B）のそれらと等しいと置いているのに対し，新相対性理論では運動系と併走する移動座標系を設定した上で，その移動座標系の時間及び空間座標を静止系のそれらと結び付けているところにある．

式 (8) 〜 (11) に示すように，静止系の観測者 A が構築する移動座標系の時間及び空間座標を，静止系のそれらと結びつける操作は，例えば，地上から投入された人工衛星の時間及び空間座標を地上のそれらと結びつける場合にもそのまま利用されている．

地上の基地と人工衛星とで光など電磁波を用いて通信をやり取りすると，衛星が受け取る地上からの信号の時間は速度や重力の影響を受けて地上の時間に対して短縮や延長を起こしている．したがって，衛星の時間調整には，相対性理論にもとづいてそれらのことを知っておくことが必須となる．これが GPS 等で相対性理論を用いているとする主張の意味でもある．

後に議論されることになるが，地上の基地から GPS の衛星に到達した光信号をもとに，衛星に搭載されている原子時計の時間を測定すると，それは時間短縮して観測される．このことを，「GPS 衛星の時計が時間短縮している」と誤って解釈してきたのが，従来の相対性理論である．このような従来の考え方では，相対性理論の前提条件である「系間の対称性（相対性）」を満たすことはできない．

新相対性理論では，静止系となる地上の基地局の正確な原子時計と同様に，GPS に搭載した原子時計も正確に同じ時間を示していることが前提となる．しかし，地上から時間短縮して衛星に到達する光信号を基準として測られる GPS 衛星の原子時計は，時間が短縮して測定される．こうして GPS 衛星に搭載した原子時計が時間短縮し

て観測されていることが，両系の時計が正しく同じ時間を共有している事の証となる．

4.3 時間と光速にもとづく空間座標の設定

式（8）〜（11）に見るように，相対性理論の礎は，時間及び空間座標の変換則にある．新相対性理論で議論される空間座標は3種類存在する．その内の1つは，静止系に付随するものであり，2つ目は運動系に付随するものである．第3の座標は，静止系の観測者Aが設定する移動座標系にあり，運動系に併走する座標系を成す．

静止系あるいは運動系に付随する時間と空間座標の関係は，式(1)〜（7）に示すとおりである．静止系の観測者が構築する移動座標系に関してそれらを示すことが新相対性理論の基礎を成す．

静止系あるいは運動系内に座す観測者は，それぞれ自分の座す系を静止系と認識してよいことが相対性原理によって許されている．したがって，それらいずれの系内でもまったく同じ静止力学法則が成立し，両系はいずれも慣性系を成すことになる．

一方，観測者Aが設定する移動座標系については，これからその詳細が設定されることになるが，移動座標系から眺める運動系は互いに静止した関係にあり，そこに観測される力学は静止力学となる．したがって移動座標系についても静止力学に関する力学法則が適用される．

相対性原理によって，いかなる慣性系内の観測者も自分の座す系を静止系と認識することができるので，いずれの系内の観測者に観測される光も静止系内の光の特性とまったく同じとなり，その伝播速度は等方的で一定値Cとなっていなければならない．

このようなことを，アインシュタインは「光の速度不変の原理」

を以て規定した．しかしながら，これまで議論してきたように，光の速度がいずれの系内の観測者にとっても等方的で一定値となって観測されなければならないことは，相対性原理「いかなる観測者も自分が座す系を静止系と見なすことができる」が保証することである．

したがって，新相対性理論では，相対性原理の導入に加えて，アインシュタインが導入した光速度不変の原理の導入をまったく必要としない．

これも後に議論されることであるが，重力場の存在を考慮する場合であっても，空間は基本的に直交3次元座標で表される．但し，光の伝播軌跡が表す重力場の空間は曲率をもって観測者に観測される．こうした取り決めの上で，時間の単位と空間長の単位については，今日地球上で行われている手法をすべての系に適用することにする．

すなわち，正確な原子時計の刻む時間を用いて，時間の単位をまず定める．次に，無重力下の真空な空間長の単位について，光が単位時間に伝播する距離 L_C を，次のように定める．

$$L_C = 3.0 \times 10^8 m \tag{12}$$

その結果，静止系及び運動系のいずれの系においても，光の速さはまったく同じ法則に則り，次のように定義される．

$$C = 3.0 \times 10^8 m/s \tag{13}$$

両系において，このような取り決めが成立することは，相対性原理

が保障する．

4.4 光を利用した時間の調節

　静止系の観測者 A は，手にしている物指しを用いて，あるいは光測量によって，その系内に静止している物の長さを容易に測定することができる．

　このとき，物指しを用いた測定では，測定しようとする物の両端に物指しの目盛が"同時に"当てられていなければならない．測定対象物が観測者に対して静止している場合には，"同時に"という意味を，"物指しの目盛が正しく測定対象物の両端に当てられていること"と解釈することができる．

　しかし，測定対象物が観測者に対して動いている場合，物指しのゼロ点を測定対象物の一端（始点）に当てつつ他端（終点）における物指しの目盛を読もうとすると，始点の方が物指しのゼロ点からすでにずれている．測定が正しく行われるためには，物指しの目盛は測定対象物の始点と終点とを"同時"に捉えていなければならない．

　したがって，静止系から運動系を観測することを想定すると，静止系の観測者は運動系内に静止している離れた 2 点を同時に観測できてはじめて，その 2 点間長を正確に測定していることになる．しかしながら，測定対象物が観測者に対して動いていたのでは，観測者は対象物の両端に物指しの目盛を同時にあてがうことが一般にできない．

　いかにも単純なこのことが，静止系から運動系を観測するときに相対性理論を必要とさせるのである．

　それでは，ここにいう"同時に"あるいは"同時"ということは，

何をもって定義されるのだろうか？　アインシュタインは，この"同時"ということについて，"測定している 2 点に静置された時計が，いずれも同時刻を指して観測されていることである"とする旨の説明を与えている．

物差しを用いていたのでは，遠く離れた 2 点間の距離測定に不便であるため，以下においては，光測量による測定を考える．

観測者に対して静止して離れている 2 点間の距離 l_0 を，光測量によって測定したとする．このとき，光がその始点を通過した際に始点の時計の指す時刻を t_1 とし，その光が終点に到達した瞬間に終点の時計が指す時刻を t_2 とする．また，終点に達した光が鏡で反射され再び始点に戻った瞬間に，始点の時計が指す時刻を t_{11} とする．

このとき，測定した距離と測定時間との間には，次の関係が成立する．

$$l_0 = C(t_2 - t_1) \tag{14}$$

$$l_0 = C(t_{11} - t_2) \tag{15}$$

ここに，C は光の速さを表し，式（13）で与えられる．

式（14）は 2 点間を始点から終点に向けて測定した場合の関係を表し，式（15）は逆に 2 点間を終点から始点に向けて測定した場合の関係を表す．以下，測量に要した前者の時間を光が"行き"に要した時間と呼び，後者の時間を"帰り"に要した時間と呼ぶことにする．

これらの測量では，行きも帰りも，まったく同じ距離を測量したのであるから，測量が正しく行われている場合，次なる関係が成立していなければならない．

$$C(t_2 - t_1) = C(t_{11} - t_2) \tag{16}$$

よって

$$(t_2 - t_1) = (t_{11} - t_2) \tag{17}$$

　すなわち，測量に要した時間が"行き"と"帰り"とでまったく同じとなることが，正しく測量ができたことを表す．式（17）に示す関係式が成立するためには，両端に置かれた時計が互いに正しい時を刻んでいなければならない．すなわち，2点の位置で観測される時計は常に互いに同時刻を示していなければならない．

　この光測量による関係を，物指しによる測定に置き換えると，離れた2点間の距離測定が正しく行われたものかどうかを説明するためには，物指しの目盛が読まれた瞬間に2点で同時刻であったことを証明することで十分となる．

　逆に，離れた2点の時刻が正しく測定されていることを証明するためには，式（17）の関係が成立していることを示せばよいということになる．すなわち，光測量によって正しく距離の測定が行われたかどうかを示すことが，離れた2点の時刻が正しく観測されているかどうかを示すことになる．このように光測量を用いて調節される時計を，以下に単に時計と呼ぶことにする．

　互いに静止して離れている2点に置かれた時計の指す時刻が仮に同時刻でないとしても，観測者は，以下に示すように観測した時刻を調整することで正しい時間を知ることができる．

　ここで，始点に置かれた時計の示す時間を基準にとり，終点の時計がその基準となる始点の時計よりも仮に Δt だけ進んでいることを仮定すると，終点における正しい時間 t_2' は，次のように表される．

$$t'_2 = t_2 - \Delta t \tag{18}$$

ここに,Δt は終点の時計と基準となる始点の時計との時刻差,すなわち調整すべき時間差を表す.

調整後の時計は,時間の基準となる始点の時計の指す時刻と同時刻を刻むことになるため,式(17)の関係に従い,次なる関係が成立していなければならない.

$$t'_2 - t_1 = t_{11} - t'_2 \tag{19}$$

すなわち

$$(t_2 - \Delta t) - t_1 = t_{11} - (t_2 - \Delta t) \tag{20}$$

この関係式より,時計の修正量を Δt として,次式を得る.

$$\Delta t = t_2 - \frac{(t_2 - t_1) + (t_{11} - t_2)}{2} \tag{21}$$

この式の右辺第2項は,測量に要した"行きの時間"と"帰りの時間"との平均値を表す.

この補正量を式(18)に代入し,終点に静置された時計の正しい時刻が,次のように与えられる.

$$t'_2 = \frac{(t_2 - t_1) + (t_{11} - t_2)}{2} \tag{22}$$

以上に説明されるように,離れた2点において観測された時刻が同時刻となっているかどうかのチェックは,光を用いた測量を実施し,それに要した"行きの時間"と"帰りの時間"とを調べること

で行われる．また，2 点で測定された時刻が同時でない場合に対しては，それら行きと帰りの測定時間の平均値を求め，それによって正しい時刻への修正が可能であり，修正後の正しい時刻は，式 (22) に示すように，"行きの時間"と"帰りの時間"との平均値として与えられる．

相対性原理によれば，静止系の観測者，運動系内の観測者，いずれの場合であっても，自分が座す系を静止系と判断することができるため，観測者はその系内のいかなる地点における時計をもすべて，上で述べた方法にもとづいて調整することができる．したがって，静止系内のいかなる地点における時計も，また運動系内のいかなる地点における時計も，それぞれの系内の観測者に対して正確に時を刻んでいることを，相対性理論構築の前提として設定できる．

観測者が離れた 2 点における時間を観測し，それらの時間が正しく同じ時を刻んでいるということは，時間の問題のみでなく，その 2 点間の距離も正しく測量されていることをも意味し，これからの議論を行う上で極めて重要なことである．

4.5 静止系の観測者に観測される運動系内の離れた 2 点の時刻

これまで議論してきたように，観測者に対して静止している物の長さは，物指しや光測量を用いて容易に測定可能である．しかしながら，観測者に対して動いている物の長さを測ろうとするとそう簡単ではない．物指しを用いる場合には対象物が動いているため，同時に始点と終点とを捉えることが困難となる．

光測量を用いる場合であっても，測量対象物が動いていると，その測量は簡単でない．なぜなら，光が対象物の始点を捉えて終点に至る間に，その対象物も動いてしまい，光が始点を捉えた瞬間にあ

った対象物の終点の位置は，もはや同じ場所には存在しないからである．

そうしたことから連想されることは，我々は動いている物の長さを正しく測定しているのだろうか？　というような素朴な疑問に駆られることである．動いているものの2点間の距離が正しく測量できていないとなると，式 (17) に示す同時刻の成立条件が失われてしまうため，観測者が認識する2点の時間も同時刻を示していないということになる．

一方，相対性原理によれば，静止系の観測者も運動系の観測者もそれぞれに，自分が座す系を静止系とみなすことが許されるため，それぞれの系内に観測される光の伝播速度は，等方的で一定値Cとなって測定されていなければならない．

しかしながら，静止系の観測者から運動系を観測すると，観測者に対して運動系が一定速度で移動しているため，その運動系の移動方向と同方向に伝播している光は，その運動系に追いかけられている状態に観測される．したがって，静止系から眺めて，運動系に対する光の相対伝播速度は，運動系の移動速度の分だけ遅くなって観測される．

逆に，運動系の移動方向と逆方向に伝播している光は，その運動系の移動速度の分だけ相対伝播速度が増して観測される．これらの観測は，静止系の観測者が運動系に相対的な光の伝播速度を観測した場合の結果である．

したがって，静止系の観測者が，運動系内の観測者に観測されているであろう光の速度を推定すると，運動系の移動方向に対して$C-v$となり，運動系の移動方向と逆方向に対して$C+v$となっているものと判断されることになる．

光の伝播速度がこのように遅くなったり速くなったりして観測されることは，静止している観測者に対して速度 V で走る車から，その移動方向に速度 v で投じられる石の速度が，合計されて $V+v$ となって測定され，車の移動方向と逆方向に投じられた石が合計されて $V-v$ の速度となって観測されることと同じである．

その結果，静止系から観測される運動系内の光の速度は，運動系の移動方向に対して行きと帰りで異なる．したがって，静止系の観測者が運動系内に静止した 2 点間の距離 l を測量すると，光が 2 点間の距離を行きと帰りに要した時間は，それぞれ次のように与えられる．

$$(t_2 - t_1) = \frac{l}{C-v} \tag{23}$$

$$(t_{11} - t_2) = \frac{l}{C+v} \tag{24}$$

ここに，t_1 は光が 2 点の内の始点を通過した瞬間の時間，t_2 は光が終点に到達した瞬間の時間，そして t_{11} は，終点の鏡で反射した光が始点に戻った瞬間の時間を表す．これらはすべて静止系からの観測値である．

これらの結果を式（17）に適用して，静止系の観測者に観測される運動系内の離れた 2 点における時間が同時刻を示していないことが明らかとなる．さらに，その事実を式（16）に適用すると，静止系の観測者に観測される運動系内の離れた 2 点間の距離の測量も正しく行われていないことが明らかとなる．

このように静止系から観測されている運動系内の静止した 2 点に

おける時間であっても，その運動系内の観測者 B に対しては，2 点共に同時刻が観測されていなければならない．なぜなら，運動系内の観測者に対しては，その系は静止系と判断されているため，その系内の静止した 2 点間を行き来する光の速度は一定値 C となって観測されていなければならないからである．光の伝播が運動系の観測者にそのように観測されなければならないことは，すでに議論されたことであり，それらの一切は相対性原理が保証することとなる．

上で議論されたように，静止系から観測される運動系内の時計は離れた 2 点間で一致していない．その結果，正しい距離測量もできていないことになる．これらのことが，運動するものの観測に相対性理論や相対論的力学を必要とさせるゆえんである．

4.6 新相対性理論の誘導

前節までの議論において，相対性理論を導く準備はほぼ整ったと言える．以下に，式 (8) 〜 (11) に示す新相対性理論の誘導過程を順次示す．

静止系の観測者 A が，彼に対して一定速度で移動している運動系内の力学を観測することを，"相対論的力学 (relativistic mechanics)" と呼ぶ．地球上の観測者が静止衛星を利用して地上のあらゆる場所の測量を可能とするように，静止系の観測者 A は，運動系と併走する移動座標系を設定することで，運動系内の力学を互いに静止した関係となって観測することができる．

地球上の観測者が静止衛星に対して，適宜，観測のための時間及び空間座標を設定できるように，観測者 A は移動座標系に適切な時間と空間座標を設定することができる．しかし，移動座標系による観測結果が，静止系の観測者 A から直接的に観測される結果と正し

く一致するためには，移動系の時間および空間座標を，適切に設定しなければならない．このことについて，以下に具体的に示すことにする．

図-1は，静止系の観測者Aが，彼に対して一定速度で移動している運動系のY軸方向の長さを，光測量を用いて測定している状況を表している．

図-1に示すように，光測量を行う対象物が，静止系に対して一定速度で移動している場合，静止系の観測者はその測量に次のような工夫を必要とする．

測量すべき運動系が時間と共に移動するため，その移動方向に垂直な方向のY軸やZ軸に沿った測量を達成するためには，静止系の観測者Aは図中のベクトルAP方向に光を放つ必要がある．

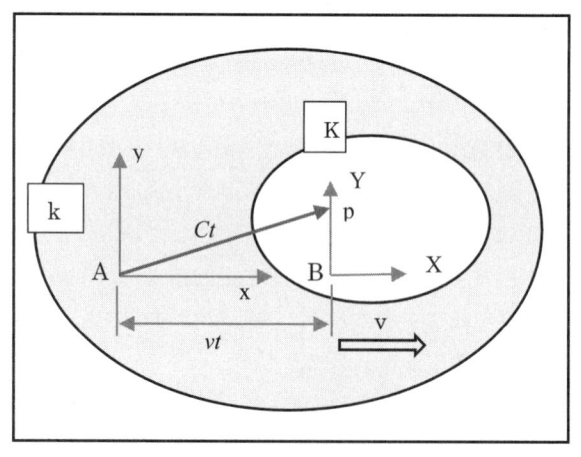

図-1 静止系の観測者による運動系のY軸方向の測量

そうすることで，運動系の移動方向に設定されるベクトル AB に対してベクトル BP が形成され，それらの合成ベクトルとしてベクトル AP を形成させることができる．

すなわち，ベクトルの定義にもとづき，図中のベクトル AP からベクトル AB を差し引いてベクトル BP が与えられる．このベクトル BP の大きさをもって，静止系の観測者は運動系内の Y 軸方向に沿う距離の測量を互いに静止した関係となって行うことが可能となる．

以上の考察に示すように，静止系の観測者 A は，ベクトル AP 方向に光を発射することで，ベクトル BP を形成させ，運動系内の原点から Y 軸方向に光測量を行うことが可能となる．そのような工夫を施した光測量によって，静止系の観測者 A が，t 秒間に運動系内の Y 軸方向に観測できる距離 y は，図 - 1 のベクトル AP，ベクトル AB，ベクトル BP の成す直角三角形の関係から，次のように求められる．

$$(Ct)^2 = (vt)^2 + y^2 \tag{25}$$

ここに，Ct は静止系の座標原点から AP 方向に発射された光が t 秒間に進んだ距離を表し，vt は運動系の座標原点が静止系の座標原点から進んだ距離を表す．

したがって，次なる関係が得られる．

$$y = \sqrt{1 - v^2/C^2}\, Ct \tag{26}$$

いま，測定しているのは運動系内の Y 軸方向の距離であることか

ら,「測定した距離は y ではなく, Y をもって表すべきであろう」との指摘がなされよう. しかし, いま測定しているのは運動系の観測者 B でなく静止系の観測者 A である. したがって, 測定されているのは x 軸からの垂直距離 y でなければならない.

式 (26) に示す関係式は, Z 軸方向に対しては, 次のように与えられる.

$$z = \sqrt{1-v^2/C^2}\, Ct \tag{27}$$

ただし, この場合, 点 P は Z 軸に沿う方向にある.

したがって, 静止系の観測者 A からベクトル AP 方向に放たれた光は, 運動系の Y 軸方向や Z 軸方向に, 静止系から見て, 次に示す速さ C' で伝播していることになる.

$$C' = \sqrt{1-v^2/C^2}\, C \tag{28}$$

すなわち, 静止系の観測者 A に対しては, ベクトル AP 方向に放たれた速さ C の光が, 運動系の Y 軸に沿って, 速さ C' で伝播して観測される. 光の速さが C' となって観測されているのは, 静止系の観測者 A が運動系の Y 軸方向に光測量する場合であって, 自分の座す系を静止系と認識している運動系内の観測者 B に観測される光の速さは, 静止系と同様に一定値 C となっていることに注意しておく必要がある.

次に, 運動系内の離れた 2 点に対して, 静止系の観測者は同時刻を計測しているかどうかについて検討してみよう.

静止系の観測者は, 運動系の Y 軸及び Z 軸方向に伝播する光を,

式 (28) で示されるように，速さ C' で伝播しているものと判断している．この光の速さは，Y 軸及び Z 軸の正負いずれの方向に対してもまったく同じであり，離れた 2 点間で一定値 C' をとっているため，光が 2 点間を行きに要する時間と帰りに要する時間とはまったく同じとなる．

したがって，静止系の観測者は，運動系の Y 軸及び Z 軸方向に離れた 2 点間で同時刻を計測していることになる．

以下においては，静止系の観測者が構築する移動座標系を用いて，運動系と互いに静止した関係となって測定する場合について考察する．

本章の 2 節で議論された「時間と光の速度による空間座標の設定」では，静止系及び運動系の観測者は光の速さが等方的で一定値 $C = 3.0 \times 10^8 m/s$ となるように，空間長に対する単位長さを決定することができた．

こうして静止系及び運動系の観測者に対する単位長さは，光が 1 秒間に進む距離を $3.0 \times 10^8 m$ となるように設定される．静止系の観測者 A が，光測量によって t 秒間に運動系の Y 軸や Z 軸方向の距離を測定すると，それらは式 (26) 及び (27) で与えられる．したがって，静止系の観測者 A が運動系と併走する移動座標系を設定するとき，運動系の Y 軸及び Z 軸にそれぞれ平行な軸となる移動座標系の y' 軸及び z' 軸方向の長さと時間，そして光の速さとの関係は，式 (26) 及び (27) と同じ関係を以て表されなければならない．

静止系の観測者が移動座標系を構築する際，移動系内の時間に静止系内の時間を割り当て，移動座標系の y' 及び z' 軸方向の長さと時間の関係を式 (26) 及び式 (27) の形に与えることに関しては，数学的には何らの問題も生じない．

しかしながら，このように設定すると，移動座標系は慣性系を成さない．すなわち，相対性原理が主張する「いかなる慣性系においても物理法則は同じものでなければならない」とする要請を満たさない．なぜなら，静止系でも運動系でも共に，その系内にいる観測者は，自分の座す系を静止系と認識しており，その系内で観測される光は等方的で一定の速さ C を持つものと定義されているからである．

したがって，静止系の観測者の設定する移動座標系が静止系や運動系と同様に慣性系を成すためには，移動座標系を用いる観測者も自分は静止系に座す者であると認識でき，そこに観測される光の速さも，静止系や運動系の観測者とまったく同じものとなっていなければならない．

そのために必要な工夫とは何か？この問いに答えることこそが，相対性理論構築における時間の取り扱い方の根幹でもあり，アインシュタインの相対性理論を修正し新相対性理論を構築する緒でもある．

静止系の観測者及び運動系の観測者に対する時間 t 及び T については，いかなる時点においても，$t = T$ が成立していなければならないことは，式（1）を提示する時点で論じられた．

静止系の観測者が運動系の観測のために構築する移動座標系の時間設定は静止系の観測者にとって任意である．しかし，式（26）及び（27）の存在，そして移動座標系が慣性系をなすためには，その系内で観測される光の速度が静止系と同様に等方的で一定値 C を取る必要がある．

こうした要請を満たすために静止系の観測者 A が取るべき工夫は，移動座標系の時間と静止系の時間との間に，次なる関係を設定する

ことである.

$$t' = \sqrt{1-v^2/C^2}\,t \tag{29}$$

ここに, t' は静止系の観測者が設定する移動系内の時間である.

この工夫によって, 式 (26) 及び (27) に示す関係は, 次のように与えられる.

$$y = Ct' \tag{30}$$
$$z = Ct' \tag{31}$$

ここで, y や z は, 静止系の観測者 A が運動系の Y 軸及び Z 軸方向に光測量した際の距離であるが, これらは移動座標系の y' 軸及び z' 軸方向の長さに対応付けられるため, 次の関係が成立する.

$$y' = y \tag{32}$$
$$z' = z \tag{33}$$

すなわち, 時間に式 (29) の関係を満たす t' を用い, 光の速さを等方的で C とする移動座標系の観測者による y' 軸及び z' 軸方向の測量結果は, 静止座標系から直接測量した結果と一致する.

次に, 運動系の移動方向, すなわち静止系の観測者が, 運動系の X 軸方向に光測量する際の距離と時間の関係について検討する. このことによって, 静止系の観測者は, 残されている移動座標系の時間 t' 及び x' 軸と静止系のそれらとに係わる関係式を構築することができる.

以下においては, 運動系の X 軸上に離れて静止している 2 点間の距離を, 静止系の観測者が光測量によって求める場合について考え

る.

　測量しようとする運動系内の距離の始点を運動系の座標原点におくと，その位置は時間 t の時点で静止系の観測者から vt だけ離れていることになる．測量の対象としている運動系内の終点が静止系の座標原点から x の距離にあると観測されている場合，静止系の観測者が観測している運動系内の 2 点間の距離は

$$l = x - vt \tag{34}$$

と与えられる．ここで，距離 l は運動系内の X 軸に沿って静止している 2 点間の距離を，静止系の観測者が測定した場合の値である．

　光測量のために，静止系の観測者から放たれた光は，静止系から一定速度 v で遠ざかる運動系を追いかけることになる．このとき，静止系の観測者に観測されている運動系の X 軸と平行な距離 l を測量するのに要した時間を t_1 とすると，次なる関係が成立する．

$$t_1 = \frac{l}{C - v} \tag{35}$$

　光測量によって静止系の観測者 A から放たれた光が運動系の X 軸の原点を通過し，測量すべき距離の終点に置かれた鏡で反射されて，その終点から始点に戻るまでの間に行われる逆方向の測量では，測量時間と距離との間に，次の関係が与えられる．

$$t_2 = \frac{l}{C + v} \tag{36}$$

したがって，運動系内の X 軸に沿って静止している 2 点間の距離を，静止系の観測者が測量するのに要した時間は，式 (35) と式 (36)

に示すように互いに異なる．

すなわち，距離 l だけ離れた 2 点間を光が行きと帰りに要した時間が異なっている．よって，静止系の観測者が運動系内に静止している 2 点間の時間を観測すると，式 (35) 及び式 (36) が示すように，その 2 点における時計は "同時刻" を示していない．

一方で，運動系の観測者 B に対しては，そこは静止系と判断されている世界であることから，その系内に静止した 2 点間を光が行き来する時間はまったく同じとなる．したがって，2 点に置かれた時計の指す時刻はまったく同じ時刻となり，2 点間の時間は互いに正確に合っていると判断される．

以上の考察から，運動系内の離れた 2 点間で繰り広げられる力学現象を静止系の観測者が観測すると，運動系内の観測者の観測結果とくい違いを生じることになる．

離れた 2 点間で時間が合っていない場合，いかようにそれらが修正されなければならないかについては，すでに 4 節で述べられた．そこでの議論を参考にすれば，静止系の観測者が運動系内の 2 点間の距離を光測量する際に，光が「行き」に要した時間と「帰り」に要した時間との平均時間が，次のように与えられる．

$$\bar{t} = \frac{\dfrac{l}{C-v}+\dfrac{l}{C+v}}{2} = \frac{Cl}{C^2-v^2} \tag{37}$$

光の平均速さについては，行きと帰りの平均をとることから，$C-v$ と $C+v$ の平均値により，速さ C が与えられる．

時間の修正量は，次のように与えられる．

$$\Delta t = \frac{l}{C-v} - \bar{t} \tag{38}$$

すなわち

$$\Delta t = \frac{vl}{C^2 - v^2} \tag{39}$$

これを式（35）に適用して，光が行きに要した時間に対する時間調整後の正しい時間 t_{1new}（すなわち，終点の時計の指すべき正しい時間）が，次のように与えられる．

$$t_{1new} = t_1 - \frac{vl}{C^2 - v^2} \tag{40}$$

したがって，静止系の観測者から時間 t と観測される運動系内の終点の時間は，次のように修正されなければならない．

$$t_{new} = t - \frac{vl}{C^2 - v^2} \tag{41}$$

式（41）に式（34）を代入し，次式を得る．

$$t_{new} = t - \frac{v(x - vt)}{C^2 - v^2} \tag{42}$$

これを若干変形し，次式を得る．

$$t_{new} = \frac{1}{C^2 - v^2}\left[(C^2 - v^2)t - v(x - vt)\right] \tag{43}$$

よって

$$t_{new} = \frac{C^2}{C^2 - v^2}\left(t - \frac{vx}{C^2}\right) \tag{44}$$

さらに整理して，最終的に次式を得る．

$$\sqrt{1 - v/C^2}\, t_{new} = \frac{1}{\sqrt{1 - v^2/C^2}}\left(t - \frac{vx}{C^2}\right) \tag{45}$$

運動系と互いに静止した関係となって観測するために，静止系の観測者が構築する移動座標系に付与した時間と静止系の時間との関係は，式 (29) を以て表された．そのように導入される移動座標系の時間を用いるとき，式 (45) は次のように与えられる．

$$t' = \frac{1}{\sqrt{1 - v^2/C^2}}\left(t - \frac{vx}{C^2}\right) \tag{46}$$

ここに

$$t' = \sqrt{1 - v^2/C^2}\, t_{new} \tag{47}$$

この式の右辺の時間 t_{new} は，運動系内の X 軸に沿って静止している 2 点における時間を，静止系の観測者が観測して，式 (41) に則り修正した後の正しい時間を表す．

一方，運動系の移動方向に直行する Y 軸や Z 軸方向に離れた 2 点

間における時間が，静止系の観測者に観測されるとき，それらは同時刻を示している．したがって，測定された時間になんらの修正をも必要としない．すなわち，測定時間はそのまま平均時間に等しい．よって，静止系から観測される時間を，そのまま正しい時間 t_{new} と判断してよい．

以上の考察に従い，静止系の観測者に観測される運動系内の任意地点における時間 t と静止系の観測者が構築する移動座標系の時間 t' との関係は，式（46）で代表される．

こうして定義される移動座標系の時間の単位及び光の速さ C を用いて，移動座標系の空間座標が，次のように決定される．

$$x' = C t' \tag{48}$$

$$y' = C t' \tag{49}$$

$$z' = C t' \tag{50}$$

これらの式の内で，(49) 及び (50) については，すでに式 (30) ～ (33) で議論されている．

静止系の観測者が構築する移動座標系の時間と静止系の時間との関係は，x 軸方向に対して，式 (46) を以て与えられる．静止系の観測者が，運動系内で X 軸に平行な方向に離れて静止している 2 点間の距離を測定した場合の測定長 l （すなわち，$x - vt$）と，それを移動座標系の座標軸をもって表した場合の関係は，次のように説明される．

まず，静止系の観測者が運動系内に静止している 2 点間の距離を光測量すると，光が 2 点間を行きに要した時間が，式 (35) に従い，次のように与えられる．

$$t = \frac{l}{C-v} \tag{51}$$

この観測値は2点間で同時刻を示すように修正される必要があるので,式(39)を用い,修正後の正しい時間が次のように与えられる.

$$t = \frac{l}{C-v} - \frac{vl}{C^2-v^2} = \frac{Cl}{C^2-v^2} \tag{52}$$

すなわち

$$\sqrt{1-v^2/C^2}\, t = \frac{l/C}{\sqrt{1-v^2/C^2}} \tag{53}$$

この式の両辺に光の速さ C を乗じ,次式を得る.

$$C \cdot \sqrt{1-v^2/C^2}\, t = \frac{l}{\sqrt{1-v^2/C^2}} \tag{54}$$

この式の左辺に関して,移動座標系の時間を導入すると,次式を得る.

$$C \cdot t' = \frac{l}{\sqrt{1-v^2/C^2}} \tag{55}$$

ここに,左辺は移動座標系における座標 x' を表す.したがって,最

終的に次なる関係を得る．

$$x' = \frac{1}{\sqrt{1 - v^2/C^2}}(x - vt) \tag{56}$$

静止系の観測者が構築する移動座標系は運動系と併走しており，移動座標系からは運動系内に静止しているすべての物が互いに静止した関係となって観測される．したがって，静止系の観測者は移動座標系を用いることで，運動系内に静止しているすべての物の長さを互いに静止した関係となって測定することができる．

運動系内に静止している球体の半径が移動座標系から x' 軸方向に長さ l' となって観測されているとき（移動座標系の観測者 A' と互いに静止した関係にある運動系の観測者 B に対しても，球体として観測されている），これを式（56）の左辺に代入して，それが静止系の観測者からいかような長さとなって観測されるものかが得られる．すなわち，次式が得られる．

$$l' = \frac{l}{\sqrt{1 - v^2/C^2}} \tag{57}$$

よって

$$l = \sqrt{1 - v^2/C^2}\, l' \tag{58}$$

時間に関してはすでに式（29）及び式（47）が与えられており，次なる関係式が与えられる．

$$t' = \sqrt{1-v^2/C^2}\, t \tag{59}$$

　これまでの議論にもとづけば，静止系の観測者が構築する移動座標系から，それに付与された時間 t' 及び空間座標 (x', y', z') を用いて運動系内の静止力学現象を観測した場合と，その現象を静止系の観測者が彼に対して一定速度で移動している運動系内の力学現象として観測した場合との間には，運動系の移動方向の距離に関して式 (58) の関係が，そして時間に関しては式 (59) の関係が成立していなければならない．

　以上によって，新相対性理論の礎を成す変換則がすべて得られたことになる．

4.7　新相対性理論における変換則とその物理的意味

　新相対性理論における変換則は，静止系の観測者が運動系内の時間や距離を直接測定した場合の観測値と，静止系の観測者によって構築される移動座標系を用い，運動系と互いに静止した関係となって測定した場合の観測値との関係を結ぶものである．

　それらの関係は，次のように整理される．

$$t' = \frac{1}{\sqrt{1-v/C^2}} \left(t - \frac{vx}{C^2} \right) \tag{60}$$

$$x' = \frac{1}{\sqrt{1-v^2/C^2}} (x - vt) \tag{61}$$

$$y' = y \tag{62}$$
$$z' = z \tag{63}$$

　これらの関係式に対して，アインシュタインの相対性理論は，運動系内の時間や空間長と静止系のそれらとの関係を与えている．2章において示されているように，それらの式形は式（60）～（63）と同じ形のものであるが，物理的意味は大いに異なる．

　これまでの議論は，静止系の観測者が運動系内の距離を光測量するという状況のもとに行われてきた．運動系内の観測者 B の立場からは，例えて言うのならば，移動座標系が静止系からの情報を映し出す一つのスクリーンの役目を担うことになる．したがって，静止系から発せられた光が伝える情報のすべては，この移動座標系に表示されるが，それを運動系の観測者 B は自分の系に到達する静止系からの情報として観測することになる．

　例えば，静止系の時間は，移動座標系では式（29）〔同じことであるが，式（60）〕となって現れる．この移動座標系に現れる時間を運動系の観測者は，移動座標系と互いに静止した関係となって観測することになる．すなわち，移動系の観測者 A' の時間は，静止系から運動系に届く光が運動系の観測者 B に伝える時間となる．但し，式（1）に則って，観測者 B の時計の指す時間と観測者 A の時計の指す時間とはいかなる時点でも同じとなっていなければならない．

　したがって，静止系の観測者の測る静止系の時間と，それが運動系の観測者に観測される時間とは，式（59）に示すように，時間の経過と共に違いが生じる．

　例えば，100 光年離れて，互いに静止している 2 つの星間では，一方で起きた現象は 100 年後に他方に到達する．距離の存在はこう

して時間の遅れとなって現れる．両星で同時に誕生した観測者が，互いに 100 歳となっていても，一方から他方を観測すると，0 歳でしかない相手が観測される．

静止系に対して一定速度で移動する運動系の存在は，時間と共に，両系間の距離が変化する．したがって，他方の情報が観測者に到達するにはその距離変化の分だけ時間が短縮して観測されなければならない．例えば，相手も自分も共に 100 歳という年を数えていても，一方から届く光が表す相手は 10 歳でしかないという状況が有り得る．このことが，式 (29) の示す時間が短縮することの物理的意味である．

運動系が静止系を出発して一定速度で 100 年の旅を経て再び静止系に帰還し，静止系の観測者と再会を果たしたとすると，彼らはまったく同様に 100 歳の歳を重ねていることになる．しかし，一定速度で飛行している旅の途中，静止系から放たれた光が運動系の観測者 B に届ける静止系の観測者 A の年は常に時間と共に短縮し，静止系に戻ったとしても，例えば，10 歳の静止系の観測者 A を観測しているということも有り得る．しかし，目前には自分と同じく 100 歳となった静止系の観測者 A がいることになる．

このことは信じがたいかもしれないが，先に述べた 100 光年離れて静止している 2 つの星の例を考えると理解しやすい．一方の星の輝きが伝播し他方の星の位置で反射されて，再び元の星にたどりつくとき，そこには 200 歳を重ねた星（自分）と 0 歳の星（自分）が観測されることになる．先に述べた運動系の例は，これと同様なことである．

これまでの議論にもとづけば，静止系から届く光が運動系の観測者に伝える時間情報は常に短縮している．また，移動座標系の観測

者 A'の時間と静止系の時間（すなわち，運動系の観測者の時間）とは，式（59）に示す関係で結ばれる．

したがって，移動座標系の観測者 A'は自らの時計の指す時間を基準時間として，運動系に静置されている原子時計が発するパルスをカウントすると，その原子時計の示す時間は短縮して観測される．この観測事実が，静止系の観測者 A に届けられるため，静止系の観測者からは，運動系の時計の指す時間が短縮しているものと判断される．しかし，このことは静止系の原子時計と運動系の原子時計とが互いにまったく同じ時刻を刻んでいることの証となる（詳しくは，5 章 2 節あるいは 6 章 3 節を参照）．

アインシュタインの相対性理論は，新相対性理論でいう移動座標系の時間（すなわち，運動系に観測される静止系の時間）を，運動系の時計が指す時間そのものとして設定している．すなわち，ルイ・エッセンも主張しているように，「静止系から運動系に届く光が伝える時間は，運動系では短縮して観測される」とすべきところを，「静止系の時間に比較して，運動系の時間は短縮している」と設定している．その結果，時間や長さに係わるパラドックスが派生されることとなったと結論される．

4.8 相対論的力学

2 章において，静止系における観測者は，その系内に静止している物の力学を静止力学の法則を以て理解していることが論じられた．また，静止系に対して一定速度で移動している運動系であっても，その系内の観測者は，自分が座す系を静止系と認識しており，その系内に静止している物の力学を静止力学の法則をもって理解していることなどについても説明された．このようなことが成立すること

は，相対性原理（いかような慣性系においても，物理現象はまったく同じ物理法則を以て表される）によって保証される．

こうした状況において，静止系の観測者が，彼に対して一定速度で運動している物の力学を観測する場合であっても，それは静止力学の法則を以て表されるのだろうか？　というような問が投じられよう．この問いに答えるのが相対論的力学である．

運動系内で繰り広げられる力学を静止系から観測する際，観測者は運動系と併走する移動座標系を構築して観測を行うことができる．このことによって，静止系の観測者は，観測位置を運動系と併走する移動座標系に乗り換え，運動系内の観測者と互いに静止した状態となって，運動系内の力学を静止力学として観測することができる．

運動系に併走する移動座標系は，運動系と互いに静止した関係になるため，運動系内の静止力学は，移動座標系から眺めてもそのまま静止力学として観測される．しかしながら，運動系内の観測者と移動系内の観測者とには大きな違いがある．

静止系及び運動系内の観測者に対する時間がそれぞれ変数 t 及び T で与えられるのに対して，移動座標系の時間は変数 t' で与えられ，それらには式（1）及び式（60）に示す関係が存在する．静止系及び運動系の空間座標に関しては，式（2）〜（4），あるいは式（5）〜（7）が成立する．一方，移動座標系に関しては，その系内の時間を用いて式（48）〜（50）が与えられている．

光の速さについては，静止系及び運動系のいずれの系の観測者も，それぞれの系を静止系と認識していることから，いずれの系内の観測者に対しても，静止系内で観測される光の速さとまったく同様に，等方的で一定の速さ C となって現れる．このことは，相対性原理が保証することとなる．

移動座標系は，運動系と併走する座標系であり，その系内の観測者は運動系内の観測者と互いに静止した関係にあるため，そこに観測される光も，それが運動系内の観測者に観測されているのとまったく同様に，等方的で一定の速さ C となって現れるように，式(60)の関係式が導入された．

静止系の観測者が構築する移動座標系が慣性系を成すのであれば，相対性原理によって，移動座標系から観測される運動系内の力学や電磁現象は，静止系や運動系の観測者に対してそうであるように，同じ力学法則及び電磁力学法則を以て表されなければならない．これらのことは，相対性原理の下で，いずれの慣性系の物理法則もまったく同じでなければならないという要請に応えるものである．

運動系内の観測者に対して静止している物体が，力を受けて微小時間内に微小距離だけ移動するとき，そこに現れる静止力学の法則は3章の式(3.8)及び式(3.9)で表される．

移動座標系の観測者に観測される運動系内の力学法則は，移動座標系の時間と空間を用いて，次のように表される．

$$m' \frac{d^2 x'}{dt'^2} = f' \tag{64}$$

ここに，m' 及び f' は，それぞれ移動座標系の時間と空間を用いて定義される慣性質量及び作用力である．

議論の内容を簡単にするために，当分の間，力の作用と物体の移動方向を x' 軸に平行な方向のみに限っておく．

式(64)は，速度の定義を導入するとき，次のように表わされる．

$$m' \frac{dv'}{dt'} = f' \tag{65}$$

ここに，v' は移動座標系の時間と空間を用いて定義される速度（静止状態から得た速度）を表し，次のように定義される．

$$v' = \frac{dx'}{dt'} \tag{66}$$

式（65）に式（60）及び式（61）の関係式を代入し，次に示す式（67）を得るが，そのためには，単位系の変換について，いくつか留意しておく必要がある．移動座標系による観測結果を静止系や運動系の観測者に反映させるためには，新相対性理論の変換式（60）～（63）を適用する必要がある．

例えば，移動座標系の観測者の単位系を運動系の単位系（すなわち，静止系の単位系）に変えると，移動座標系の観測者の観測結果は，彼と互いに静止した関係にある運動系の観測者の観測結果と同じになる．そのようなとき，移動座標系で観測される慣性質量 m' や作用力 f' は，運動系の観測者が自分は静止系にいる者と認識して観測する慣性質量 m_0 や作用力 f_0 へと変わる．また，移動座標系で観測される速度 v' は，運動系で観測される速度 V へと変わる．このことは，移動座標系の単位系から静止系の単位系（運動系の単位系と同じ）への変換の際の注意点として，常に留意しておく必要がある．

$$\frac{m_0}{\left(1 - v^2/C^2\right)^{3/2}} \frac{dv}{dt} = f_0 \tag{67}$$

ここに，慣性質量及び作用力が m' から m_0，そして f' から f_0 へと変換されている点に注意して頂きたい．これは，上で述べた留意点を考慮した結果である．

式 (65) から (67) に至る過程については，説明を要するので，それを以下に示す．

まず，移動座標系における時間及び空間座標を用いて，移動座標系の観測者に観測される運動系内の加速度は，次のように定義される．

$$a' = \frac{d^2 x'}{dt'^2} \tag{68}$$

ここに，a' は，移動座標系の観測者による加速度を表す．

式 (3.7) を導く際に説明されたように，静止力学としての加速度は，観測者に対して静止している物体が，微小時間内に静止位置より微小距離だけ移動した際の物理量として定義される．

式 (68) で定義される加速度に，式 (66) に示す速度の定義を代入し，

$$a' = \frac{dv'}{dt'} \tag{69}$$

が与えられる．

式 (68) あるいは式 (69) で与えられる移動座標系の時間及び空間を用いた加速度に，式 (60) 及び式 (61) を代入し，次式を得る．

$$\frac{dv'}{dt'} = \frac{d}{dt'}\left(\frac{dx'}{dt'}\right) = \frac{d}{\sqrt{1-v^2/C^2}\,dt}\left(\frac{dx/\sqrt{1-v^2/C^2}}{\sqrt{1-v^2/C^2}\,dt}\right) \tag{70}$$

よって

$$\frac{dv'}{dt'} = \frac{1}{\left(1-v^2/C^2\right)^{3/2}}\frac{d^2x}{dt^2} \tag{71}$$

一方,静止系の時間及び空間による加速度は,次のように定義される.

$$a = \frac{d^2x}{dt^2} = \frac{d}{dt}\left(\frac{dx}{dt}\right) = \frac{dv}{dt} \tag{72}$$

式(3.9)で定義するように,運動系における慣性質量及び作用力は,それぞれ m_0 及び f_0 で与えられる.

したがって式(65)の左辺部に式(71)及び式(72)を導入し,さらに,移動座標系の単位系から静止系の単位系への変換の際の留意点を考慮して,式(67)が得られる.

さらに,式(67)は,次のように変形される.

$$\frac{d}{dt}\left(\frac{m_0 v}{\sqrt{1-v^2/C^2}}\right) = f_0 \tag{73}$$

式(73)が式(67)から得られることは,次のように確かめられる.

式 (73) の左辺の微分を実行して，以下の式展開が与えられる．

$$\frac{m_0}{\sqrt{1-v^2/C^2}}\frac{dv}{dt} + v\frac{d}{dt}\left(\frac{m_0}{\sqrt{1-v^2/C^2}}\right) = f_0 \tag{74}$$

$$\frac{m_0}{\sqrt{1-v^2/C^2}}\frac{dv}{dt} + m_0 v\frac{d}{dt}\left(\frac{1}{\sqrt{1-v^2/C^2}}\right) = f_0 \tag{75}$$

$$\frac{m_0}{\sqrt{1-v^2/C^2}}\frac{dv}{dt} + \frac{m_0}{\left(1-v^2/C^2\right)^{3/2}}\left(\frac{v^2}{C^2}\right)\frac{dv}{dt} = f_0 \tag{76}$$

$$\frac{m_0}{\left(1-v^2/C^2\right)^{3/2}}\left\{\left(1-v^2/C^2\right)\frac{dv}{dt} + v^2/C^2\frac{dv}{dt}\right\} = f_0 \tag{77}$$

すなわち

$$\frac{m_0}{\left(1-v^2/C^2\right)^{3/2}}\frac{dv}{dt} = f_0 \tag{78}$$

以上によって，式 (67) から式 (73) が得られることが示された．

ところで，式 (74) から式 (75) を得る時点で，$dm_0 = 0$ が導入されている．これは，静止系及び運動系で静止物体が示す慣性質量が保存量であるという前提にもとづいている．すなわち，静止物体が微小時間 dt 内に，微小速度 dv を獲得する間に慣性質量は保存されることが前提とされている．この前提条件を，静止系における質量保存則と呼ぶことができる．

以下に，式（73）に関する物理的説明をまとめておこう．

静止系の観測者に対して一定速度で移動していると判断されている運動系であっても，その運動系内の観測者は，静止系の観測者と同様に自分が座す系を静止系と見なしている．その事は相対性原理によって保証される．

静止系の観測者の目前に静止している物体は静止し続けようとする慣性を持っている．その静止慣性の大きさは慣性質量として測定される．力の作用下で物体が静止位置から微小時間内に微小速度を得る際に現れる静止系の力学法則は，運動系内の観測者の目前に静止している物体に対してもまったく同様に成立する．このことは相対性原理によって保証される．

このような条件下で，静止系の観測者に対して一定速度で移動している物体に対する力学的法則は，静止系から眺めて，いかような力学法則となって現れるのかが問われる．

その問いに答えるために，静止系の観測者は運動系と併走する移動座標系を構築し（運動系の観測者と互いに静止した関係となって），移動座標系からその運動物体の力学を考察することができる．

移動座標系の観測者に観測される運動系内の力学は，運動系内の観測者が自分は静止系内にいるものと認識して観測している静止力学法則とまったく同様なものとなる．したがって，移動座標系の観測者に観測される静止力学法則は，式（65）を以て表される．

静止系の観測者は，移動座標系を通じて観測される静止力学法則に相対性理論の式（60）及び式（61）を適用して，運動系内の運動が式（67）あるいは式（73）となって観測されるものであることを知る．

最終的に得られた関係式は，力の作用が運動物体の力学的物理量

に時間変化をもたらすことを示している．式（73）において，作用力をゼロとすると，次式が与えられる．

$$\frac{d}{dt}\left(\frac{m_0 v}{\sqrt{1-v^2/C^2}}\right) = 0 \tag{79}$$

すなわち，次式を得る．

$$\frac{m_0 v}{\sqrt{1-v^2/C^2}} = const. \tag{80}$$

　この式の左辺に示す物理量は，慣性質量と物体の移動速度，そしてローレンツファクターとの積からなっている．慣性質量と速度との積は，古典的力学において，運動量（momentum）と定義される．したがって，式（80）の左辺に示す物理量を，相対論的運動量（relativistic momentum）と呼ぶことができる．また，式（79）及び（80）は，相対論的運動量が保存量を成すことを示している．

・・・

　以上の考察より，観測者に対して一定速度で移動する運動物体に関する運動法則が，次のように構築される．

1）運動量保存則：保存物理量として相対論的運動量が定義される．相対論的運動量は力が作用しない限り一定に保たれる．
2）運動の法則：作用力と相対論的運動量の時間変化率との間に，式（73）に示す関係が成立する．
3）エネルギー保存則：（これは次節にて議論されることであるが）運動物体の持つ相対論的エネルギーが保存量として定義される．

静止系における静止力学法則の構築の際には，静止物体が静止状態を保持しようとする慣性の大きさを表す物理量として慣性質量という概念が導入された．式（73）に示されるように，観測者に対して相対速度を有する運動物体に対する運動の法則には，それが直接的な物理量となって現れてこない．それよりもむしろ，「慣性質量と速度の積で与えられる相対論的運動量の時間変化率は，作用力に等しい」という概念が与えられる．

　ここに，静止力学からの類推で，運動物体に静止系から力を作用させて，その運動状態を変化させようとするとき，運動物体はその一定速度を保持しようとする一種の慣性を発現させないのだろうか？　というような疑問が生じよう．

　このことについて，式（75）を再度ここに表示して議論を行うことにしよう．

$$\frac{m_0}{\sqrt{1-v^2/C^2}}\frac{dv}{dt} + v\frac{d}{dt}\left(\frac{m_0}{\sqrt{1-v^2/C^2}}\right) = f_0 \tag{81}$$

この式において，左辺第2項に見る物理量の微分量がゼロと置けるとき，次式が与えられる．

$$\frac{m_0}{\sqrt{1-v^2/C^2}}\frac{dv}{dt} = f_0 \tag{82}$$

　この関係式は，静止系の力学で慣性質量を導入する際に現れた力学法則と同じ形にある．したがって，式（82）の左辺に見る

$$m = \frac{m_0}{\sqrt{1-v^2/C^2}} \tag{83}$$

を以て，運動物体の一種の慣性質量と定義することができる．このように定義される慣性質量 m は，静止系で定義される慣性質量 m_0 の性質に加えて，「一定速度を保持しようとする慣性の大きさ」をも測る尺度を含んでいる．以下，この慣性質量 m を相対論的慣性質量（relativistic inertia mass）と呼ぶことにする．

ところで，式（73）より式（82）を導出するためには，次なる条件が必要であった．

$$\frac{d}{dt}\left(\frac{m_0}{\sqrt{1-v^2/C^2}}\right) = 0 \tag{84}$$

すなわち

$$\frac{m_0}{\sqrt{1-v^2/C^2}} = const. \tag{85}$$

よって，相対論的慣性質量が定義されるためには，それが保存量として定義されなければならないという条件を伴う．この条件は，相対論的慣性質量の保存則と呼ぶことができる．この条件式は，相対論的慣性質量を定義付けるための1つの条件式として存在する．この問題については，後にエネルギー保存則の定義の際に再考される．

式（84）及び（85）において，

$$v^2/C^2 \ll 1 \tag{86}$$

なる条件が成立するとき，次式が与えられる．

$$\frac{dm_0}{dt} = 0 \tag{87}$$

あるいは

$$m_0 = const. \tag{88}$$

これらの関係式は，古典的力学であるニュートン力学における質量保存則を表す．

式 (85) をテーラー展開すると，次のように近似される．

$$m = m_0 \left(1 + \frac{1}{2} v^2 / C^2 + \cdots \right) \tag{89}$$

この式の右辺のカッコ内第2項は，ニュートン力学で定義する運動エネルギーに比例する量となっている．すなわち，静止系の観測者に対して一定速度で移動する物体の相対論的慣性質量は，それが静止系の観測者に静止して観測されるときの慣性質量よりも運動エネルギーに比例する分だけ増加していることになる．

しかしながら，こうして運動物体に相対論的慣性質量が定義できるのは，式 (84) に示す条件を満たすような場合であり，より一般的な質量の定義については，後にエネルギーの定義を経て示される．

これまでの議論は，x 軸方向にのみ相対速度 v が存在する場合を考えた．ここでより一般的な場合を考えると，x 軸，y 軸及び z 軸方向の運動方程式が，次のように与えられる．

x 軸方向に

$$\frac{m_0}{\left(1-v^2/C^2\right)^{3/2}} \frac{dv_x}{dt} = f_x \tag{90}$$

よって

$$\frac{d}{dt}\left\{\frac{m_0 v_x}{\sqrt{1-v^2/C^2}}\right\} = f_x \tag{91}$$

y 軸方向に

$$\frac{m_0}{\left(1-v^2/C^2\right)^{3/2}} \frac{dv_y}{dt} = \frac{f_y}{\sqrt{1-v^2/C^2}} \tag{92}$$

よって

$$\frac{d}{dt}\left\{\frac{m_0 v_y}{\sqrt{1-v^2/C^2}}\right\} = \frac{f_y}{\sqrt{1-v^2/C^2}} \tag{93}$$

z 軸方向に

$$\frac{m_0}{\left(1-v^2/C^2\right)^{3/2}} \frac{dv_z}{dt} = \frac{f_z}{\sqrt{1-v^2/C^2}} \tag{94}$$

よって

$$\frac{d}{dt}\left\{\frac{m_0 v_z}{\sqrt{1-v^2/C^2}}\right\} = \frac{f_z}{\sqrt{1-v^2/C^2}} \tag{95}$$

ここに，v_x，v_y 及び v_z はそれぞれ x 軸，y 軸及び z 軸方向の速度成分を表す．また，f_x，f_y 及び f_z はそれぞれ作用力の x 軸，y 軸及び z 軸方向の成分を表す．

したがって，相対論的作用力ベクトルは，次のように成分表示される．

$$\left(f_x, \frac{f_y}{\sqrt{1-v^2/C^2}}, \frac{f_z}{\sqrt{1-v^2/C^2}}\right) \tag{96}$$

ここに，(f_x, f_y, f_z) は，静止系の観測者が彼に対して静止している物体に作用させる際の作用力ベクトルの成分である．

式（96）は，運動系内で作用力ベクトル (f_x, f_y, f_z) を運動物体に作用させたとき，それらが静止系の観測者からいかような力ベクトルとなって観測されるものであるかを示している．式（96）に示す作用力ベクトルは，相対論的作用力ベクトル（relativistic force vector）と呼ばれる．

4.9 相対論的速度合成則

アインシュタインは，1929 年に日本を訪問している．その際に各地の大学で講演を行っており，その様子は石原純博士によるアインシュタイン講義録（東京図書株式会社）に詳しく述べられている．京都大学で行った講演において，アインシュタインは「運動系に観測される速度をニュートンの合成速度で表せないことが，自分を悩ませ，そのことが相対性理論構築へと駆り立てた」とする旨の説明を述べている．

アインシュタインの見解は，まさに彼が当時相対性理論を構築す

るに苦心していたことを思わせる．6 節において，新相対性理論の基礎を導く過程に説明されたように，式（60）〜（63）は，静止系の観測者が運動系内の力学を観測するために構築する移動座標系の時間及び空間座標と静止系の観測者のそれらとを結ぶ関係式を表すものであった．

移動座標系の時間と空間座標の単位を用いて測定される x' 軸方向の速度は，次のように定義される．

$$v' = \frac{dx'}{dt'} \tag{97}$$

これを静止系の観測者の時間及び空間座標を用いて書き表すと，式（60）及び（61）の関係によって，次のように与えられる．

$$u = \frac{v+v'}{1+vv'/C^2} \tag{98}$$

すなわち

$$u = \frac{v+V}{1+vV/C^2} \tag{99}$$

ここに，u は，運動系の観測者に観測される速度 V が，静止系の観測者から直接的に観測されるときの速度を表す．式（98）は，相対論的速度合成則（relativistic velocity composition law）と呼ばれる．

式（98）は，式（97）に式（60）及び（61）を適用し，次のように導かれる．

まず，式（61）を再掲する．

$$x' = \frac{1}{\sqrt{1-v^2/C^2}}(x-vt) \tag{100}$$

これより

$$\frac{dx'}{dt} = \frac{1}{\sqrt{1-v^2/C^2}}\left(\frac{dx}{dt}-v\right) \tag{101}$$

ここで，式（60）を再掲し

$$t' = \frac{1}{\sqrt{1-v^2/C^2}}\left(t-\frac{vx}{C^2}\right) \tag{102}$$

これより

$$\frac{dt'}{dt} = \frac{1}{\sqrt{1-v^2/C^2}}\left(1-\frac{v}{C^2}\frac{dx}{dt}\right) \tag{103}$$

式（101）及び（103）において

$$\frac{dx}{dt} = u \tag{104}$$

とおいて

$$\frac{dx'}{dt}\Big/\frac{dt'}{dt} \equiv V = \frac{u-v}{\left(1-\dfrac{vu}{C^2}\right)} \tag{105}$$

これを，速度 u について整理し，式（98）が得られる．ここでの注意点としては，移動座標系の単位系から静止系の単位系に変えているので，速度 v' は速度 V へと変わるところにある．

式（99）において，

$$\frac{vV}{C^2} \ll 1 \tag{106}$$

なる条件を課せば，古典力学における速度合成則・式（3.21）が得られる．

4.10 相対論的エネルギーの定義

8節において相対論的慣性質量を定義した際，その定義については，さらにその物理的特性について検討すべきであると述べておいた．以下においてはエネルギーの定義が与えられ，ついで相対論的慣性質量の物理的意味が与えられる．

エネルギーを定義するに当たり，まず物体に作用する力の成す仕事について考える．力の成す仕事は次のように定義される．

$$dW = \mathbf{f} \bullet d\mathbf{r} = f_x dx + f_y dy + f_z dz \tag{107}$$

ここに，dW は物体に作用する力の成す仕事，$\mathbf{f}$ は作用力ベクトル，$d\mathbf{r}$ は物体の微小変位ベクトル（位置ベクトルの変化量），(f_x, f_y, f_z) は作用力ベクトルの成分，(dx, dy, dz) は微小変位ベクトルの成分を表す．また，記号 " $\bullet$ " は，ベクトルの内積を表す．

物体が力 $\mathbf{f}$ を受けて微小時間 dt 内に $d\mathbf{r}$ だけ移動した場合を想定すると，物体の移動速度 $\mathbf{v}$ が次のように定義される．

$$\mathbf{v} = \frac{d\mathbf{r}}{dt} \qquad (108)$$

以下に速度 $\mathbf{v}$ の成分及び大きさを，それぞれ (v_x, v_y, v_z) 及び v で表す．

微小変位ベクトルと速度との関係は，次のように与えられる．

$$d\mathbf{r} = \mathbf{v}\,dt = (v_x dt, v_y dt, v_z dt) \qquad (109)$$

式（107）に式（109）を導入し，微小仕事量が次のように表される．

$$dW = \mathbf{f} \bullet \mathbf{v}\,dt = (f_x v_x dt, + f_y v_y dt + f_z v_z dt) \qquad (110)$$

以下においては，移動座標系で観測される仕事やエネルギーが，静止系からいかように観測されるものであるかを議論する．すなわち，相対論的に仕事やエネルギーが定義される．

移動座標系で観測される仕事やエネルギーは，相対性原理によって，静止系及び運動系で観測される仕事やエネルギーの定義とまったく同じとなる．しかし，単位系が異なるため，すべての物理量にその違いを明示するため，ダッシュを付しておく必要がある．

8 節において，相対論的力学では以下の関係式が成立することがすでに導かれている．

$$\frac{m_0}{\left(1 - v^2/C^2\right)^{3/2}} \frac{dv_x}{dt} = f_x \qquad (111)$$

$$\frac{m_0}{\left(1-v^2/C^2\right)^{3/2}}\frac{dv_y}{dt}=\frac{f_y}{\sqrt{1-v^2/C^2}} \tag{112}$$

$$\frac{m_0}{\left(1-v^2/C^2\right)^{3/2}}\frac{dv_z}{dt}=\frac{f_z}{\sqrt{1-v^2/C^2}} \tag{113}$$

さらに,運動物体に作用する力ベクトルが,式(96)の変換を受けることを考慮し,式(111)〜(113)を式(110)に代入して,相対論的な仕事量を次のように定義できる.

$$dW=\frac{m_0}{\sqrt{1-v^2/C^2}^{3/2}}\left(v_x du_x+v_y du_y+v_z du_z\right) \tag{114}$$

すなわち

$$dW=\left(\frac{m_0\mathbf{v}}{\sqrt{1-v^2/C^2}^{3/2}}\right)\bullet d\mathbf{v} \tag{115}$$

以降においては,作用力の成す仕事量 dW を,物体に蓄積されるエネルギー dE と等値することにする.

式(115)を積分し,相対論的に定義されるエネルギー E が,次のように得られる.

$$E = \frac{m_0 C^2}{\sqrt{1 - v^2/C^2}} \tag{116}$$

ここで，式 (115) から式 (116) に至る過程は，次のように式 (116) から式 (115) への逆変形過程を以て容易に確かめられる．

まず，

$$\frac{1}{2} d\left(\frac{m_0}{\sqrt{1-v^2/C^2}} C^2\right) = \frac{m_0 C^2}{2} d\left(\frac{1}{\sqrt{1-v^2/C^2}}\right) \tag{117}$$

この式の右辺の微分をさらに実行して

$$d\left(\frac{1}{\sqrt{1-v^2/C^2}}\right) = -\frac{1}{2}\left(1-v^2/C^2\right)^{-3/2}\left(-\frac{2v}{C^2}\right) dv \tag{118}$$

これを式 (117) の右辺に適用して

$$d\left(\frac{m_0 C^2}{\sqrt{1-v^2/C^2}}\right) = \frac{m_0}{\left(1-v^2/C^2\right)^{3/2}} v\, dv \tag{119}$$

よって

$$d\left(\frac{m_0 C^2}{\sqrt{1-v^2/C^2}}\right) = \frac{m_0}{\left(1-v^2/C^2\right)^{3/2}} \frac{1}{2} d\left(v^2\right) \tag{120}$$

すなわち

$$d\left(\frac{m_0 C^2}{\sqrt{1-v^2/C^2}}\right) = \frac{m_0}{\left(1-v^2/C^2\right)^{3/2}} \frac{1}{2} d\left(v_x{}^2 + v_y{}^2 + v_z{}^2\right) \tag{121}$$

よって，最終的に次式を得る．

$$d\left(\frac{m_0 C^2}{\sqrt{1-v^2/C^2}}\right) = \frac{m_0}{\left(1-v^2/C^2\right)^{3/2}} \left(v_x dv_x + v_y dv_y + v_z dv_z\right) \tag{122}$$

この式の右辺は，式（114）の右辺を成す．

以上で，式（115）から（116）に至る過程が示された．

式（116）において，速度の極限値として$v=0$を用いると，次式が与えられる．

$$E_0 = m_0 C^2 \tag{123}$$

すなわち，観測者に対して静止している物体のエネルギーが式（123）で与えられることが示される．これを以下に静止エネルギー（rest energy）と呼ぶことにする．

さらに，式（116）は次のように近似される．

$$mC^2 = \frac{m_0 C^2}{\sqrt{1-v^2/C^2}} = m_0 C^2 + \frac{1}{2} m_0 v^2 + \cdots \tag{124}$$

式（123）及び式（124）より，式（116）で定義される相対論的エ

ネルギーは，物体が観測者に対して静止している場合の静止エネルギーと古典力学が定義する運動エネルギーを含むことが示される．

したがって，物体の持つ相対論的運動エネルギー（relativistic kinetic energy）K は，

$$K = mC^2 - m_0 C^2 = m_0 C^2 \left(\frac{1}{\sqrt{1-v^2/C^2}} - 1 \right) \tag{125}$$

で与えられる．

ここで，式（116）を次式の形に表す．

$$E = \frac{m_0}{\sqrt{1-v^2/C^2}} C^2 \tag{126}$$

この式の表す物理的意味として，光の速さで測られるエネルギー素 C^2 を物質の持つエネルギー素と見なすと，相対論的慣性質量は，観測者に対して一定速度で運動する物質の持つエネルギーの大きさを表す物理量としての解釈が与えられる．

このことについて，アインシュタインは，エネルギーと質量とが等しいとする等価説を与えている．しかしながら，エネルギーと質量を等価な物理量としてみなそうとする等価説よりも，むしろ，物質の慣性質量は，光の速さの2乗をエネルギー素とするエネルギー量の大きさを表す物理量として解釈した方が良いのではないかと判断される．

次に，物体に作用する力が，次に示すように，ポテンシャル力として表される場合について検討する．

$$\mathbf{f} = -grad\, \Omega \tag{127}$$

ここに，Ω はポテンシャルエネルギー関数（potential energy function）と呼ばれる．

式(127)で表される力の作用下で仕事量は次のように与えられる．

$$dW = \mathbf{f} \bullet d\mathbf{r} = -grad\ \Omega \bullet d\mathbf{r} \tag{128}$$

よって，この力の作用で蓄積されるエネルギーは，次のように与えられる．

$$dE = -d\Omega \tag{129}$$

すなわち

$$E + \Omega = const. \tag{130}$$

あるいは

$$\frac{m_0}{\sqrt{1-v^2/C^2}}C^2 + \Omega = const. \tag{131}$$

が与えられる．これは，相対論的エネルギーの保存則を表す．

観測者に対して光の速度は一定値となっているため，エネルギー保存則が成立することは，結局のところ相対論的慣性質量の保存則の成立を意味することになる．

したがって，8 節で述べた相対論的慣性質量が定義されるために必要とされた条件〔式(84)〕は，エネルギー保存則が成立する限り，満たされることになる．

式 (126) に示すエネルギーは，次のように二つの部分に分けることができる．

$$E^2 = \left(m_0 C^2\right)^2 + \left(\frac{m_0 v}{\sqrt{1-v^2/C^2}}\right)^2 C^2 \tag{132}$$

ここで，観測者に対して，物質の持つ運動量を M で表すことにすると，次式が与えられる．

$$E^2 = \left(m_0 C^2\right)^2 + (MC)^2 \tag{133}$$

したがって，光など，運動量は持つが静止慣性質量を定義できない粒子に対しては，エネルギーは次のように定義されることになる．

$$E = MC \tag{134}$$

4.11 相対論的電磁場

真空中の電磁場を表すマクスウェルの方程式（Maxwell's equation）は，次のように与えられる．

$$\mu \frac{\partial \mathbf{H}}{\partial t} = -rot\,\mathbf{E} \tag{135}$$

$$\varepsilon \frac{\partial \mathbf{E}}{\partial t} = rot\,\mathbf{H} \tag{136}$$

$$div\,\mathbf{E} = 0 \tag{137}$$

$$div\,\mathbf{H} = 0 \tag{138}$$

ここに，$\mathbf{E}$ 及び $\mathbf{H}$ はベクトルで，それぞれ電場（electric field）及び磁場（magnetic field）を表す．μ は真空中の誘電率（permeability of free space), ε は透磁率 (permittivity of free space) を表す.

真空中において, 光の速さ C は次のように定義される.

$$C = \frac{1}{\sqrt{\varepsilon \mu}} \tag{139}$$

また, 磁束密度 (magnetic flux density) が, 次のように定義される.

$$\mathbf{B} = \mu \mathbf{H} \tag{140}$$

これらを用い, 式 (135) 〜 (138) に示すマクスウェルの方程式は, 次のように表される.

$$\frac{\partial \mathbf{B}}{\partial t} = -rot\, \mathbf{E} \tag{141}$$

$$\frac{1}{C^2} \frac{\partial \mathbf{E}}{\partial t} = rot\, \mathbf{B} \tag{142}$$

$$div\, \mathbf{E} = 0 \tag{143}$$

$$div\, \mathbf{B} = 0 \tag{144}$$

式 (141) 〜 (144) にベクトル表記されたマクスウェルの方程式の成分は, それぞれ次のように表される.

$$\frac{\partial B_x}{\partial t} = -\left(\frac{\partial E_z}{\partial y} - \frac{\partial E_y}{\partial z} \right) \tag{145}$$

$$\frac{\partial B_y}{\partial t} = -\left(\frac{\partial E_x}{\partial z} - \frac{\partial E_z}{\partial x} \right) \tag{146}$$

$$\frac{\partial B_z}{\partial t} = -\left(\frac{\partial E_y}{\partial x} - \frac{\partial E_x}{\partial y}\right) \tag{147}$$

$$\frac{1}{C^2}\frac{\partial E_x}{\partial t} = \left(\frac{\partial B_z}{\partial y} - \frac{\partial B_y}{\partial z}\right) \tag{148}$$

$$\frac{1}{C^2}\frac{\partial E_y}{\partial t} = \left(\frac{\partial B_x}{\partial z} - \frac{\partial B_z}{\partial x}\right) \tag{149}$$

$$\frac{1}{C^2}\frac{\partial E_z}{\partial t} = \left(\frac{\partial B_y}{\partial x} - \frac{\partial B_x}{\partial y}\right) \tag{150}$$

$$\frac{\partial E_x}{\partial x} + \frac{\partial E_y}{\partial y} + \frac{\partial E_z}{\partial z} = 0 \tag{151}$$

$$\frac{\partial B_x}{\partial x} + \frac{\partial B_y}{\partial y} + \frac{\partial B_z}{\partial z} = 0 \tag{152}$$

静止系の観測者に対して一定速度で移動している運動系内の観測者が観測する電磁場を,静止系の観測者はいかように観測するものであるかを説明することが相対論的電磁場の理論 (relativistic electromagnetism) となる.

したがって,相対論的電磁場の理論は,運動系の観測者と併走する移動座標系から眺めた運動系内の電磁場を,静止系の時間及び空間を用いて表すことで与えられる.

相対性原理に従い,静止系におけるマクスウェルの方程式は,慣性系を成す運動系及び移動座標系においてまったく同じ式形で表される.したがって,移動座標系の観測者がその系の時間及び空間の単位を用いて観測する運動系内の電磁場〔式(145)〜(152)〕に対

応する関係式は，次のように表される．

$$\frac{\partial B'_{x'}}{\partial t'} = -\left(\frac{\partial E'_{z'}}{\partial y'} - \frac{\partial E'_{y'}}{\partial z'}\right) \tag{153}$$

$$\frac{\partial B'_{y'}}{\partial t'} = -\left(\frac{\partial E'_{x'}}{\partial z'} - \frac{\partial E'_{z'}}{\partial x'}\right) \tag{154}$$

$$\frac{\partial B'_{z'}}{\partial t'} = -\left(\frac{\partial E'_{y'}}{\partial x'} - \frac{\partial E'_{x'}}{\partial y'}\right) \tag{155}$$

$$\frac{1}{C^2}\frac{\partial E'_{x'}}{\partial t'} = \left(\frac{\partial B'_{z'}}{\partial y'} - \frac{\partial B'_{y'}}{\partial z'}\right) \tag{156}$$

$$\frac{1}{C^2}\frac{\partial E'_{y'}}{\partial t'} = \left(\frac{\partial B'_{x'}}{\partial z'} - \frac{\partial B'_{z'}}{\partial x'}\right) \tag{157}$$

$$\frac{1}{C^2}\frac{\partial E'_{z'}}{\partial t'} = \left(\frac{\partial B'_{y'}}{\partial x'} - \frac{\partial B'_{x'}}{\partial y'}\right) \tag{158}$$

$$\frac{\partial E'_{x'}}{\partial x'} + \frac{\partial E'_{y'}}{\partial y'} + \frac{\partial E'_{z'}}{\partial z'} = 0 \tag{159}$$

$$\frac{\partial B'_{x'}}{\partial x'} + \frac{\partial B'_{y'}}{\partial y'} + \frac{\partial B'_{z'}}{\partial z'} = 0 \tag{160}$$

ここに，ダッシュを付された変数は，移動座標系の空間座標及び時間を用いていることを表し，移動座標系の観測者の観測する物理量を表す．

式（153）〜（160）に表される移動座標系の観測者が観測する電磁場を，静止系の時間及び空間の単位を用いて表すことで，相対論

的電磁場の理論が与えられる．

したがって，式 (8) ～ (11) で表される変換式を導入することが求められる．さらに，それらの変換式を次のように変形しておく．

$$t = \gamma \left(t' + \frac{vx'}{C^2} \right) \tag{161}$$

$$x = \gamma \left(x' + vt' \right) \tag{162}$$

$$y = y' \tag{163}$$

$$z = z' \tag{164}$$

ここに，γ はローレンツファクターを表し，次のように与えられる．

$$\gamma = \frac{1}{\sqrt{1 - v^2/C^2}} \tag{165}$$

ここで，次なる偏微分演算を考える．

$$\frac{\partial}{\partial t'} = \frac{\partial}{\partial t}\frac{\partial t}{\partial t'} + \frac{\partial}{\partial x}\frac{\partial x}{\partial t'} \tag{166}$$

$$\frac{\partial}{\partial x'} = \frac{\partial}{\partial t}\frac{\partial t}{\partial x'} + \frac{\partial}{\partial x}\frac{\partial x}{\partial x'} \tag{167}$$

これらに式 (161) 及び式 (162) を導入して，次式が得られる．

$$\frac{\partial}{\partial t'} = \gamma \left(\frac{\partial}{\partial t} + v \frac{\partial}{\partial x} \right) \tag{168}$$

$$\frac{\partial}{\partial x'} = \gamma\left(\frac{v}{C^2}\frac{\partial}{\partial t} + \frac{\partial}{\partial x}\right) \tag{169}$$

また

$$\frac{\partial}{\partial y'} = \frac{\partial}{\partial y} \tag{170}$$

$$\frac{\partial}{\partial z'} = \frac{\partial}{\partial z} \tag{171}$$

式（159）及び式（160）に，式（168）〜（171）を導入して，次式を得る．

$$\gamma\left(\frac{v}{C^2}\frac{\partial}{\partial t} + \frac{\partial}{\partial x}\right)E_x + \frac{\partial E_y}{\partial y} + \frac{\partial E_z}{\partial z} = 0 \tag{172}$$

$$\gamma\left(\frac{v}{C^2}\frac{\partial}{\partial t} + \frac{\partial}{\partial x}\right)B_x + \frac{\partial B_y}{\partial y} + \frac{\partial B_z}{\partial z} = 0 \tag{173}$$

ここで，移動座標系の時間及び空間座標を用いて表される電場や磁束密度は，単位系を移動座標系から静止系に変えることで，移動系の観測者と互いに静止した関係にある運動系の観測者が観測するものへと変わっている．その結果，式（172）及び（173）ではダッシュの取れた物理量を以て表されていることに注意を要する．

式（172）及び式（173）より，次式を得る．

$$\gamma\frac{\partial E_x}{\partial x} = -\gamma\frac{v}{C^2}\frac{\partial E_x}{\partial t} - \frac{\partial E_y}{\partial y} - \frac{\partial E_z}{\partial z} \tag{174}$$

$$\gamma \frac{\partial B_x}{\partial x} = -\gamma \frac{v}{C^2} \frac{\partial B_x}{\partial t} - \frac{\partial B_y}{\partial y} - \frac{\partial B_z}{\partial z} \tag{175}$$

式（153）に式（168）を導入して次式を得る．

$$\gamma \left(\frac{\partial}{\partial t} + v \frac{\partial}{\partial x} \right) B_x = -\left(\frac{\partial E_z}{\partial y} - \frac{\partial E_y}{\partial z} \right) \tag{176}$$

これに，式（175）の関係を導入してまとめると，次のように展開できる．

$$\gamma \frac{\partial B_x}{\partial t} = v \left(\gamma \frac{v}{C^2} \frac{\partial B_x}{\partial t} + \frac{\partial B_y}{\partial y} + \frac{\partial B_z}{\partial z} \right) - \left(\frac{\partial E_z}{\partial y} - \frac{\partial E_y}{\partial z} \right) \tag{177}$$

$$\gamma \frac{\partial B_x}{\partial t} - \gamma \frac{v^2}{C^2} \frac{\partial B_x}{\partial t} = v \left(\frac{\partial B_y}{\partial y} + \frac{\partial B_z}{\partial z} \right) - \left(\frac{\partial E_z}{\partial y} - \frac{\partial E_y}{\partial z} \right) \tag{178}$$

$$\gamma \left(1 - \frac{v^2}{C^2} \right) \frac{\partial B_x}{\partial t} = v \left(\frac{\partial B_y}{\partial y} + \frac{\partial B_z}{\partial z} \right) - \left(\frac{\partial E_z}{\partial y} - \frac{\partial E_y}{\partial z} \right) \tag{179}$$

$$\frac{1}{\gamma} \frac{\partial B_x}{\partial t} = -\frac{\partial}{\partial y} \left(E_z - v B_y \right) + \frac{\partial}{\partial z} \left(E_y + v B_z \right) \tag{180}$$

$$\frac{\partial B_x}{\partial t} = -\frac{\partial}{\partial y} \gamma \left(E_z - v B_y \right) + \frac{\partial}{\partial z} \gamma \left(E_y + v B_z \right) \tag{181}$$

ここでは，式（153）についての展開のみを示したが，残りの成分についても同様に展開できる．結果のみを示すと以下のとおりである．

$$\frac{\partial}{\partial t}\gamma\left(B_y - \frac{v}{C^2}E_z\right) = -\frac{\partial E_x}{\partial z} + \frac{\partial}{\partial x}\gamma\left(E_z - vB_y\right) \tag{182}$$

$$\frac{\partial}{\partial t}\gamma\left(B_z + \frac{v}{C^2}E_y\right) = -\frac{\partial}{\partial x}\gamma\left(E_y + vB_z\right) + \frac{\partial E_x}{\partial y} \tag{183}$$

式 (156) についても以下のように展開できる.

$$\frac{\gamma}{C^2}\left(\frac{\partial}{\partial t} + v\frac{\partial}{\partial x}\right)E_x = \left(\frac{\partial B_z}{\partial y} - \frac{\partial B_y}{\partial z}\right) \tag{184}$$

$$\frac{\gamma}{C^2}\frac{\partial E_x}{\partial t} = v\frac{1}{C^2}\left(\gamma\frac{v}{C^2}\frac{\partial E_y}{\partial t} + \frac{\partial E_y}{\partial y} + \frac{\partial E_z}{\partial z}\right) + \left(\frac{\partial B_z}{\partial y} - \frac{\partial B_y}{\partial z}\right) \tag{185}$$

$$\frac{\gamma}{C^2}\left(1 - \frac{v^2}{C^2}\right)\frac{\partial E_x}{\partial t} = \frac{v}{C^2}\left(\frac{\partial E_y}{\partial y} + \frac{\partial E_z}{\partial z}\right) + \left(\frac{\partial B_z}{\partial y} - \frac{\partial B_y}{\partial z}\right) \tag{186}$$

$$\frac{1}{C^2}\frac{1}{\gamma}\frac{\partial E_x}{\partial t} = \frac{\partial}{\partial y}\left(B_z + \frac{v}{C^2}E_y\right) - \frac{\partial}{\partial z}\left(B_y - \frac{v}{C^2}E_z\right) \tag{187}$$

$$\frac{1}{C^2}\frac{\partial E_x}{\partial t} = \frac{\partial}{\partial y}\gamma\left(B_z + \frac{v}{C^2}E_y\right) - \frac{\partial}{\partial z}\gamma\left(B_y - \frac{v}{C^2}E_z\right) \tag{188}$$

ここでも, 式 (156) についての展開のみを示したが, 残りの成分についても同様に展開できる. 結果のみを示すと以下のとおりである.

$$\frac{1}{C^2}\frac{\partial}{\partial t}\gamma\left(E_y + vB_z\right) = \frac{\partial B_x}{\partial z} - \frac{\partial}{\partial x}\gamma\left(B_z + \frac{v}{C^2}E_y\right) \tag{189}$$

$$\frac{1}{C^2}\frac{\partial}{\partial t}\gamma\left(E_z - vB_y\right) = -\frac{\partial}{\partial x}\gamma\left(B_y - \frac{v}{C^2}E_z\right) - \frac{\partial E_x}{\partial y} \tag{190}$$

以上の展開から,運動系の観測者が観測する電磁場(電場 **E** 及び磁束密度 **B**)を静止系の観測者が観測するとき,それらは次のように表される電場 $\overline{\mathbf{E}}$ 及び磁束密度 $\overline{\mathbf{B}}$ となって観測される.

$$\overline{E}_x = E_x \tag{191}$$

$$\overline{E}_y = \gamma\left(E_y + vB_z\right) \tag{192}$$

$$\overline{E}_z = \gamma\left(E_z - vB_y\right) \tag{193}$$

$$\overline{B}_x = B_x \tag{194}$$

$$\overline{B}_y = \gamma\left(B_y - \frac{v}{C^2}E_z\right) \tag{195}$$

$$\overline{B}_z = \gamma\left(B_z + \frac{v}{C^2}E_y\right) \tag{196}$$

条件 $v^2/C^2 \ll 1$ が課されるとき,式(191)〜(196)は,ベクトルを用いて次のように書ける.

$$\overline{\mathbf{E}} \approx \mathbf{E} + \mathbf{B} \times \mathbf{v} \tag{197}$$

$$\overline{\mathbf{B}} \approx \mathbf{B} - \frac{1}{C^2}\mathbf{E} \times \mathbf{v} \tag{198}$$

これまでの展開は，運動系の観測者に観測される電場及び磁場を静止系から眺めるとき，それらがいかような電磁場となって観測されるものであるかを示すものであった．そのために，静止系の観測者は，運動系と併走する移動座標系を構築し，その移動座標系を通じて運動系内の電磁場を観測する必要があった．

相対性原理によれば，いかなる慣性系においても物理法則は同じでなければならず，移動慣性系を通じて観測される運動系内の電磁場は，静止系内の電磁場と同様に，式（153）～（160）で表される．

式（153）～（160）で表される移動座標系における観測結果を静止系の時間及び空間を以て表すことで，静止系から観測される相対論的電磁場理論が構築される．そのように，構築した電磁場は式（191）～（196）で与えられる．

以上の展開とは逆に，静止系の観測者が観測する電場 $\mathbf{E}$ 及び磁場 $\mathbf{B}$ を運動系から眺めるときに，それらがいかような電磁場（$\mathbf{E}'$ 及び $\mathbf{B}'$）となって観測されるものであるかを示す場合，これまでの展開において，式（161）以降の展開に対して，速度 v を $-v$ に置き換えることで対応できる．

このとき，式（191）～（196）に対応する電磁場は，次のように与えられる．

$$E'_x = E_x \tag{199}$$

$$E'_y = \gamma \left(E_y - v B_z \right) \tag{200}$$

$$E'_z = \gamma \left(E_z + v B_y \right) \tag{201}$$

$$B'_x = B_x \tag{202}$$

$$B'_y = \gamma\left(B_y + \frac{v}{C^2}E_z\right) \tag{203}$$

$$B'_z = \gamma\left(B_z - \frac{v}{C^2}E_y\right) \tag{204}$$

また,式(197)及び(198)に対応する関係式は,ベクトル表記により,次のように与えられる.

$$\mathbf{E}' \approx \mathbf{E} - \mathbf{B} \times \mathbf{v} = \mathbf{E} + \mathbf{v} \times \mathbf{B} \tag{205}$$

$$\mathbf{B}' \approx \mathbf{B} + \frac{1}{C^2}\mathbf{E} \times \mathbf{v} = \mathbf{B} - \frac{1}{C^2}\mathbf{v} \times \mathbf{E} \tag{206}$$

5章　パラドックスの解決

　アインシュタインの相対性理論には，その発表以来，数多くのパラドックスが派生されている．その概要はすでに2章で説明された．対して新相対性理論からは，この種のパラドックスは一切派生されない．本章では，アインシュタインの相対性理論から派生されてきたパラドックスについていくつか紹介した上で，それらが新相対性理論によっていかように解決されるものであるかを説明する．

5.1　2つのロケットを結ぶ赤いひもは，未来永劫結ばれたままか？

　2つのロケットが，地表面から延びる1本の鉛直線上に間隔をあけて縦列をなし，緩みのまったくない1本の赤いひもでしっかり結ばれている．この2台のロケットが同時に発射し，2台ともまったく同じ加速度で鉛直線に沿って飛行していくのが，2台のロケットから等距離に位置する地上の観測者に観測された．このような状況下において，2台のロケットを結ぶその赤いひもは，未来永劫に結ばれたままの状態にあるか？　というのが，本節のタイトルの意味するところである．

　当然ながらこの問題は，純粋に思考実験としての問いである．したがって，2台のロケットを結ぶ赤いひもが噴射時の熱風など何らかの擾乱で切断されるというような状況は一切考えられない．

　また，ロケットは，実際には発射と共に加速し，ある程度の時間を経て，一定の速度で飛行することになる．しかし，ここで相対性

理論として議論しているのは，加速度を考慮しない特殊相対性理論のことであるので，議論の対象は加速期を経た後の一定速度期に限られなければならない．したがって，以下の議論においては，それが思考実験であることを考慮し，ロケットは発射と同時に一定速度で飛行するものと考える．

この問題は，米国空軍ケンブリッジ研究センター（Air Force Cambridge Research Center）のデュアンとベラン（E. Dewan and M. Beran, 1959 年）によって提起されたものの，後に欧州原子核研究機構（CERN）の量子物理学者であったベル（J. S. Bell, 1987 年）がその改良版を発表したことからさらに広く知られるようになった．そのため，ベルの宇宙船パラドックス（Bell's spaceship paradox）とも呼ばれている．このことについては，インターネット上（例えば，Wikipedia, 2015 年）に数多くの文献とともにまとめられている．

ここでは，その説明を適宜引用しながらアインシュタインの相対性理論から派生されるパラドックスについて解説することにする．以下の議論においては，話を簡単にするために，長さの測定はすべて運動系の移動方向に行われているものとする．

1）デュアンとベランによる議論

問題の趣旨に沿うと，「2 台のロケットは，同時に発射し，そしてまったく等しく加速した」これが地上の観測者による説明である．したがって，地上の観測者に対して，両ロケットはすべての時間でまったく同じ速度を有する．

ロケットは 2 台とも発射後に同じ加速度で加速したと説明されているが，先に述べたように，議論を特殊相対性理論の範疇に限らなければならないため，ロケットは発射後瞬間的に一定速度に達し，

その速度を保持しているものと仮定する.

この問題に関して，デュアンとベランの議論は，以下のようなものであった（ただし，理解を助けるため，彼らの議論に適宜補足説明を付記してある）.

アインシュタインの相対性理論によれば，〔式（2.7）で示されるように〕両ロケットは長さに関して等しくローレンツ収縮を受ける．このことは，2 台のロケットを結ぶひもについても同じである．それゆえ，そのひもはロケットの発射後も切れることはないものと考察される．

しかしながら，後に数式を用いて説明されるように，運動系の観測者に対しては，前方のロケットの発射が後方のロケットの発射よりも早かったと観測される．その観測結果にもとづけば，発射時間の差によって，ロケット間の距離は発射前に測った長さよりも増していなければならない．それゆえ，「2 台のロケットを結んでいた赤いひもは前方のロケットの発射の瞬間に切れていなければならない」と判断される．

しかしながら，地上の観測者の説明は，次のように，運動系の観測者の説明とは異なる．

地上の観測者に対し，2 台のロケットは同時に発射し，まったく同じ速度で飛行している．したがって，ロケット間の距離に変化は現れていない．これに対して，アインシュタインの相対性理論に拠れば，一定速度で飛行する物の長さはすべてその移動方向に実質的に収縮していなければならない．すなわち，ロケット間を結ぶ赤いひもは元の長さに比較して収縮していなければならない．したがって，ロケット間の距離には変化が現れていないとする地上の観測者の観測結果を考慮すると，「ひもは，自身の収縮によって切れていな

ければならない」と判断される．

　以下においては，地上の観測者とロケット内のパイロットによる観測結果との相違を明らかにするために，ロケットが打ち上げられる方向を地上の鉛直方向とし，その方向を x 軸とする．また，ロケットが 2 台共に地上に静止しているとき，ロケットの位置は，1 台目が $x = l_0$，2 台目が $x = 0$ にあったと仮定する．これらのロケットが，時間 $t = 0$ に同時に発射し，2 台とも同じ速度で飛行したことが地上の観測者に確認されている．

　静止系の観測者によるこうした観測結果に対して，2 台目のロケットに座標原点を置く運動系内の観測者による観測結果は，次のように説明される．

　2 章で与えたアインシュタインの相対性理論の基礎式 (2.1) に従えば，地上の観測者に観測される両ロケットの発射時間 $t = 0$ は，運動系の観測者すなわち，1 台目のロケットのパイロットの時計を用いて次のように観測される．

$$T = \frac{1}{\sqrt{1 - v^2/C^2}} \left(0 - v l_0 / C^2 \right) \tag{1}$$

ここに，T は，1 台目のロケットのパイロットの測る発射時間である．v は静止系の観測者に測定されるロケットの速度を表す．

　次いで，2 番目のロケットのパイロットの測る発射時間は，次のように与えられる．

$$T = \frac{1}{\sqrt{1 - v^2/C^2}} \left(0 - v \cdot 0 / C^2 \right) = 0 \tag{2}$$

　式 (1) 及び式 (2) の比較から明らかのように，ロケット内のパ

イロットは,それぞれ互いに異なった発射時間を観測している.すなわち,静止系の観測者からは両ロケットの発射時はまったく同時と観測されることであるが,運動系の観測者に直に測定されるロケットの発射時は,後方のロケットが前方のロケットよりも遅れている.

ロケット間の距離に対しては,運動系から観測される長さ L と,静止系から観測される長さ l（本問題では $l = l_0$ となっている）との関係が,式 (2.7) に従い,次のように与えられる.

$$L = \frac{1}{\sqrt{1 - v^2/C^2}} l \tag{3}$$

発射時間の相違によって,パイロットの測るロケット間の距離 L は,発射前の長さ l_0 よりも伸びていなければならない.よって,「ひもは先発ロケットの発射時に切れている」と判断される.

2）ベルの思考実験

ベルの思考実験では,共通の慣性系内で,最初から静止している3つの宇宙船（以下,ロケットに統一する）A,B 及び C があり,B 及び C は,1つの鉛直線上に前後に間隔をあけて並んでおり,それらは A からそれぞれ等距離にある.B 及び C に同時に届くように,A からシグナルが発せられ,B 及び C は A に対して同時にその鉛直線に沿って出発した（B 及び C は,まったく同じ加速過程を経るようにあらかじめプログラムされている）.その時 A は元の系に静止したままである.

このとき,静止系となる A の系から眺めれば,運動系となる B 及び C は,いつの時点でもまったく同じ速度を保ち,互いに一定の距

離を保っているのが観測されている．

一方，アインシュタインの相対性理論によれば，運動するものの長さは収縮することになるので，ロケット間長が初期の長さのままに観測されている一方で，ひもはその長さ自身の収縮によって切れていなければならない．これは，静止系の観測者による判断となる．

この問題を取り上げたとき，ベルは多くの著名な研究者らから懐疑的な扱いを受けたことが報告されている．この問題に対する論争を解決するために，CERN の統一的な見解を求める公式あるいは非公式な調査が実施された．その結果，「答は間違ってはいたが，ひもは切れないことを強く主張する明確なコンセンサスがあった」と，ベルは伝えている．

さらにベルは次のような旨の追記を行っている．

もちろん，最初，誤った答を導き出した多くの者も，さらなる熟考の末に正しい答を見いだしてはいる．観察者 B あるいは C にとってものごとがどう見えているのかを何とか理解しようとしたのであった．そして彼らは，「B は徐々に遅れていく C を見ている．それゆえ，与えられたひもではもはやその距離を結びとめることはできない」ということを見出したのであった．

ベルの宇宙船パラドックスの場合，加速後に静止系から観測されているロケット間長 l（本問題では，初期の静止距離 l_0 に等しい）と加速後の運動系の観測者（パイロット）に観測されている長さ L との関係は，アインシュタインの相対性理論にもとづけば，次のように与えられる．

$$L = \gamma l \tag{4}$$

ここに，$\gamma = 1/\sqrt{1 - v^2/C^2}$ である．

式（4）で与えられる長さの増加は，次のように説明される．
アインシュタインの相対性理論によれば

$$X_A = \gamma(x_A - vt) \tag{5}$$

$$X_B = \gamma(x_A + l - vt) \tag{6}$$

であり，運動系の観測者に観測されるロケット間の距離は，次のように与えられる．

$$L = X_B - X_A = \gamma l \tag{7}$$

よって，ロケットのパイロットが測定するロケット間の長さは，静止系の観測者が観測している長さよりも長く．その結果，ロケット間を結ぶひもは切れていなければならない．これがベルの説明となっている．

これに対して，デュアン（1963年）は，「同時」の相対性を重要視し，以下の説明を与えている．

アインシュタインの相対性理論によれば，発射時間の差が次のように与えられる．

$$\Delta T = T_B - T_A = \gamma\left(t_B - \frac{vx_B}{C^2}\right) - \gamma\left(t_A - \frac{vx_A}{C^2}\right) = \gamma\frac{vl}{C^2} \tag{8}$$

ここに，ΔT はパイロットが測定する発射時間の差である．

結論としては，パイロットによる発射時間にもとづき，鉛直に縦列したロケットの内で，先方のロケットの発射時間が後方のロケットのそれよりも式（8）に示す時間差だけ早いため，ひもは切れていなければならない．

ロケットは 2 台とも同じ速度で移動しているので，$L_{old} = l/\gamma$ で与えられる（著者はこの長さ L_{old} が理解しがたいと考えている）．この長さは，B が停止した後に増加し始める．A が停止するまでの ΔT 間，A は一定の速度で B から遠のくことになる．

こうした考察から，デュアンはパイロットが観測する長さを L として，次の関係に到達している．

$$L = L_{old} + v\Delta T = \frac{l}{\gamma} + v\frac{\gamma v l}{C^2} = \gamma l \tag{9}$$

このとき，静止系の観測者に対してロケット間長は初期の長さのままに観測されているので $l = l_0$ である．

したがって，運動系内では，ロケット間長はその初期の長さよりもファクター γ の作用の分だけ増加しており，ロケット間を結ぶひもは切れていなければならない．

運動系内で，その初期の長さよりも増加して観測されているロケット間長は，静止系ではローレンツファクターの分だけ収縮して観測されるため，次なる関係が与えられる．

$$l = \frac{L}{\gamma} = \frac{\gamma l}{\gamma} = l_0 \tag{10}$$

よって，静止系で観測されるロケット間長は，ロケットが静止時に観測された初期の長さのままとなる．

・・・

以上が，アインシュタインの相対性理論から派生されるパラドックスに関する著名な物理学者らの議論の概略紹介である．述べられていることは，注意深く読み取らないと理解し難い部分もある．こ

れまでに述べられたデュアンやベルらの見解についての詳しい説明は，Wikipedia あるいは関連する論文等を参照して頂きたい．

これまでに示されたベルやデュアンの展開は一見して正しいように見えるし，またそれはこれまで正しいものとして一般に説明されてきたのも事実である．しかし，これらのことは，従来のアインシュタインの相対性理論に対するこれまでの我々の理解の限界を語るものでもある．

アインシュタインの相対性理論の誤りは，新相対性理論で位置づけられる移動座標系の時間や空間座標をそのまま運動系のそれらと見なした点にその根源を見る．また，その緒がガリレイ変換に対する我々の理解の誤りに端を発していることは，3章にて議論されたことでもある．

5.2 新相対性理論によるパラドックスの解決

4章で説明された新相対性理論〔式 (4.60) ～ (4.63)〕によれば，静止系の観測者は，移動座標系に拠って，運動系と互いに静止した関係となることができる．

いま，運動系内に静置されている球体の半径が，運動系内の観測者に長さ R と観測されているとする．このとき，静止系の観測者は移動座標系を通じて，その球体と互いに静止した関係となることができる．運動系の観測者と互いに静止した関係にある移動系の観測者は，運動系の観測者の観測と同じく半径 R の球体をそこに観測する．

この事は，式 (4.32) 及び式 (4.33)，さらに式 (4.48) ～ (4.50) を合わせて考えれば理解される．これらの関係式が教えることは，移動座標系の観測者は時間や長さの単位が静止系及び運動系のそれ

らと異なるものの，y'軸及びz'軸方向に測る長さは，静止系の観測者が測定する長さと等しいことを示し，移動座標系の座標軸は等方的に設定されているので，移動座標系の観測者の測る長さは，いかなる軸方向においても彼と互いに静止した関係にある運動系の観測者が測る長さと等しいことが示される．

しかしながら，式（4.58）によれば，静止系の観測者が直接観測する運動系内の球体の半径は，その移動方向に，$r_x = R/\gamma$ となって観測される．一方，運動系の移動方向に直角な方向の半径は，式(32)及び式(33)の関係より，$r_y = r_z = R$ となって観測されるため，静止系の観測者は，運動系内に静置されている半径Rの球体を，その運動方向に収縮した楕円体の形に観測していることになる．

アインシュタインの相対性理論は，静止系の観測者の時間に対して運動系の時間が実際に短縮していると説明する．これに対して，新相対性理論は，静止系の時間tと運動系の時間Tとの関係は，第4章の式（4.1）で表されるように，いかなる時点でもまったく同じと説く．しかし，静止系から運動系に届く光が伝える時間（すなわち，移動座標系の時間t'）と静止系の時間tとは式（4.29）の関係で結ばれる．

移動系の時間（すなわち，静止系から運動系に届く光の伝える短縮した時間）を基準時として，運動系の時計の発するパルスをカウントすると，運動系の時計の時間が短縮して観測される．

このことについては，少し説明を必要とする．

例えば，静止系から放たれた光が運動系に到達するのに 20 秒を要したとしよう．この 20 秒というのは，運動系の観測者が自分の時計を用いて観測した時間であるが，静止系からその様子を観測している観測者に観測される時間もまったく同様に 20 秒である．し

かしながら，静止系から運動系に到達する光が伝える時間（移動系の観測者の伝える時間）は，その 20 秒よりも短縮していて，例えば 10 秒であるというのが，式（4.1）及び式（4.59）の意味するところである．

一方，アインシュタインの式（2.8）の意味することは，静止系から運動系に到達する光が伝える時間は，静止系の観測者の観測値と同様に 20 秒であり，その時間を基準として測った運動系の時間は 10 秒となるところにある．

新相対性理論によれば，静止系から運動系に到達した光が伝える時間（移動座標系の時間）は，短縮していて 10 秒となる．これに対して，運動系内で経過した時間は静止系と同じく 20 秒であり，その間にそれらの時計が 20 パルスを発したとしよう．このとき，運動系と静止系の時計の発する振動数は互いに等しく 1 パルス/秒となる．

これに対して，短縮した時間（移動系の時間）10 秒を基準として運動系の時計のパルスを測定すると，2 パルス/秒となり，その逆数である時間単位は 1/2 秒となって観測される．したがって，移動座標系の観測者の観測を通じて，静止系の観測者が知る運動系の時計の示す時間は短縮していることになる．（6 章 3 節を参照）

・・・

さて，前節で議論された 2 台のロケットの問題の場合，地上（静止系）の観測者は，ロケットの発射前，彼に対して縦列して静止している 2 台のロケット間を結ぶひもの長さ（ロケット間長）を l_0 と測定している．

静止系の観測者によればロケットは 2 台とも同時に発射し，共に同じ速度で飛行している．相対性理論を導入しない通常の常識からは，このような条件下でロケット間の間隔が変化する（ひもは切れ

る)という状況の想定はあり得ないことである.

　しかし,相対性理論によれば,静止系から観測される運動系の長さはその移動方向に収縮しているため,静止系から観測されるロケット間長は,実際にロケットのパイロットが測る長さよりも収縮して観測されていなければならない.

　静止系の観測者からは,2台のロケットが同時に,そして同じ一定速度で移動したと観測されている.すなわち,静止系の観測者に観測されているロケット間長 l は,収縮効果を経た後にあってもなお初期の長さのままにあると観測されており,$l = l_0$ となっている.したがって,現在,静止系から観測されているロケット間長は,運動系となるロケットのパイロットの立場からは,すでに初期の長さよりも長くなっていなければならず,「ひもは切れていなければならない」とする判断に至る.

　このことについて,以下にもう少し詳細に議論してみよう.

　まず,4章で与えた新相対性理論の基礎式(4.8)に従えば,1台目のロケットの初期位置 $x = l_0$ において,地上の観測者に直接観測されたロケットの発射時間 $t = 0$ は,運動系に併走する移動座標系から眺めれば,次のように観測される.

$$t'_1 = \frac{1}{\sqrt{1-v^2/C^2}}\left(0 - vl_0/C^2\right) = -\frac{1}{\sqrt{1-v^2/C^2}} vl_0/C^2 \tag{11}$$

ここに,t'_1 は,移動座標系の観測者が測った発射時間である.v は静止系の観測者に測定されるロケットの移動速度を表す.

　ついで,静止系の観測者に $x = 0$ の位置から時間 $t = 0$ で発射したと観測された2台目のロケットの発射時間 t'_2 は,移動座標系からは次のように観測される.

$$t'_2 = \frac{1}{\sqrt{1-v^2/C^2}}\left(0 - v\cdot 0/C^2\right) = 0 \tag{12}$$

静止系からは同時に発射したと観測される2台のロケットであるが,式(11)と(12)を比較して分かるように,運動系と互いに静止した関係にある移動座標系の観測者によれば,1台目のロケットの経過時間が2台目のロケットの発射時間よりも進んでいたと報告される.すなわち,ロケットの発射時間は,1台目のロケットの方が先であったと説明される.

移動座標系の観測者に観測されるロケットの発射時間の差は,式(11)及び(12)より,次のように与えられる.

$$\Delta t' = t'_2 - t'_1 = \frac{1}{\sqrt{1-v^2/C^2}} v \cdot l_0 / C^2 \tag{13}$$

これを静止系及び運動系の観測者の観測時間に直すと,次のように与えられる.

$$\Delta t = \frac{\Delta t'}{\sqrt{1-v^2/C^2}} = \frac{1}{1-v^2/C^2} v \cdot l_0 / C^2 \tag{14}$$

静止系から観測されるロケットの移動速度はvであるため,式(14)で与えられる時間差の間に先発ロケットの飛行した距離は,静止系の観測者には次のように推定される.

$$\Delta L = v\Delta t = \frac{1}{1-v^2/C^2} v^2 \cdot l_0 / C^2 \tag{15}$$

したがって,1台目のロケットが発射し,続いて2台目のロケッ

トが発射する直前の時間におけるロケット間長 L は，静止系の観測者からは次のように推定される．

$$L = l_0 + \Delta L = l_0 + \frac{1}{1-v^2/C^2} v^2 \cdot l_0/C^2 = \frac{l_0}{1-v^2/C^2} \tag{16}$$

ここで，式（15）及び式（16）で与えられる長さが静止系の観測者に測定される長さでなくて，「推定される長さ」となっている点に注意しなければならない．

2 台目のロケットの発射直前に，式（16）で与えられる長として推定されているロケット間長は，未だ発射していない 2 台目のロケットのパイロット及び地上の観測者には，次に示すように収縮して観測されていなければならない．

$$l_s = \sqrt{1-v^2/C^2} \, L = \frac{l_0}{\sqrt{1-v^2/C^2}} \tag{17}$$

ここに，l_s は静止系の観測者に観測されるロケット間長を表す．この式の算出には，先に発射した 1 台目のロケットから発射直前の 2 台目のロケットまでの間は，一定速度 v で移動しているものと仮定されている．

ロケット間長が式（17）で与えられる長さに観測されている時点においては，後方のロケットはまだ発射していない．後方のロケットが発射した後には，2 台のロケットは共に同じ速度で移動し続けるため，式（17）で与えられるロケット間長は，静止系の観測者にはさらに収縮して観測されなければならない．

したがって，2 台のロケットが共に一定速度で移動しているという時点においては，静止系の観測者が観測するロケット間長 l は，

次のように与えられる.

$$l = \sqrt{1-v^2/C^2}\, l_s = l_0 \tag{18}$$

式（18）で与えられるロケット間長 l は，静止系の観測者が観測しているロケット間長 l_0 と一致する．したがって，2台のロケットのパイロットがそれぞれに測定している（運動系の観測者が観測する）ロケット間長 L は，式（16）で与えられる．よって，「静止時にロケット間を結んでいたひも（長さ l_0）は，1台目のロケットの発射と同時に切れていなければならない」と結論される．

「ひもは先発ロケットの発射時点で切れている」という結論となることについては，新相対性理論による判断もアインシュタインの相対性理論によるデュランとベランによる判断，あるいはベルによる判断も同じである．しかしながら，アインシュタインの相対性理論による式（3），式（7）及び式（9）が示すロケット間長は，新相対性理論による式（16）が示す長さと異なっている点に注意して頂きたい．

地上の物指しと落とし穴の問題

地上の観測者の傍らに物指しと鉛直に掘られた落とし穴がある．それらは互いに静止した関係にある．このとき，観測者の持つ物指しは落とし穴の直径よりもわずかに長い．したがって，穴の直径方向に水平に置いた物指しはその落とし穴に落ちることはない．しかし，物指しが水平に一定の速さでこの落とし穴に近づいて来た場合，その物指しの長さは穴の傍らに静止している観測者には収縮して観測されるため，物指しは落とし穴に落ちるに違いないと考えられる．

逆に，観測者と物指しが静止し，落とし穴がそれらに対して一定速度で近づく場合を想定すると，静止している観測者に対して落とし穴の直径は収縮して観測されるため，物指しは穴の直径に比較してさらに長くなる．したがって，物指しが落とし穴に落ちることはないと判断される．この判断は，先に与えた「物差しは落とし穴に落ちる」とする判断に反する．

こうした問題は，列車長と川幅の問題，列車長と鉄橋の問題などとして，アインシュタインの相対性理論に関する長さのパラドクスを成してきた．アインシュタインの相対性理論は，運動する物体はその運動方向に実質的に収縮することを教える．そのため，例えば重力の作用下では空間が重力の作用で実質的に曲率を持って存在していると説明している．一般相対性理論については，次章の最後において触れるため，ここではそれ以上の説明を割愛しておく．

新相対性理論は，「静止系から観測すると，運動系の長さはその運動方向に，収縮して観測される」とし，静止系に観測される運動系の長さ l と，それが移動座標系の観測者に観測されるときの長さ l' との関係を，式（4.58）で与えている．

一定速度で接近してきた物指しが静止している穴に落ちるためには，同時に測定された物指しの両端間の長さが穴の直径よりも短くなっていなければならない．

しかし，移動する物指しを収縮して観測している静止系の観測者は，運動系内の離れた2点間で同時に物事を観測していない．運動系内でその移動方向に離れた2点間を同時に観測するための工夫として，静止系の観測者は運動系と併走する移動座標系を設定する必要がある．その上で，その座標系から互いに静止して観測される運動系内の2点間の距離を観測する必要がある．こうして観測される

距離は，当然ながらそれが観測者に対して互いに静止して観測されているときの初期の長さとまったく同じ長さとなる．したがって，物指しの長さと穴の直径とは，それらの両端の存在が互いに同時条件を満たす限り，初期の長さのままであり，物差しが穴に落ちることはない．

5.3 新相対性理論による時間に関するパラドックスの解決

前節で議論された長さのパラドックスとは別に，時間に関する双子のパラドックスが存在する．アインシュタインの相対性理論から派生される双子のパラドックスの概要については，すでに2章3節において説明されている．

2章の式 (2.1) あるいは式 (2.8) にもとづき，アインシュタインの相対性理論は，一定速度で運動する系内の時間が静止系の時間に対して実際に遅れると説明している．したがって，時計の遅れている系が他方に対して運動しているものと，確定的に判断される．このように，運動しているものがいずれの系であるかを絶対的に決定できることは，相対性原理「2者の内でいずれが移動し，いずれが静止している者かを決定することはできない」に反する．

第2章においては，アインシュタインの式 (2.1) あるいは式 (2.8) に示す時間の遅れを実証するための実験などが紹介され，そのいずれもがアインシュタインの時間の遅れを支持する内容にあることが紹介された．しかし，それらのいずれの実験結果も，相対性原理「2者の内でいずれが移動し，いずれが静止している者かを決定することはできない」に反する．

相対性原理の教えに反して，いずれかの系の時計が遅れていたり，あるいは進んでいたりということが実際に生じるのであれば，これ

は直ちに絶対静止空間の存在を肯定することになる.

すなわち,静止系の時計に対して運動系の時計が遅れるのであれば,それではその静止系の時計は何に対して時を刻むものであるかを決定する必要性が生じる.このことは,絶対性理論の探求に通じる.

地上におけるミューオン(muon)の観測結果が,アインシュタインの時間の遅れ(運動する物の実質的な寿命の延び)を肯定する事実として紹介される場合がある(例えば, B. Rossi and D.B. Hall: Variation of the Pate of Decay of Mastodons with Momentum, The physical review,Vol.59, No.3, pp.223-228, 1941).ここでは,この問題を新相対性理論に拠って説明することにする.

静止系の観測者は,目前に静止して観測されるミューオンの寿命(半減期)を 2×10^{-6} s 程度と測定し,それがたとえ光速で移動したとしても,その移動距離は高々 $l \approx C \times 2 \times 10^{-6} = 600$ m 程度であろうと予測する.

しかし実際には,地上から約 20km も上空の大気圏上層で発生したミューオンが,地上で観測されている.この観測結果をもって,「光速に近い速度で移動するミューオンの時間は実際に短縮し,実質的にミューオンの寿命が延びることの証である」と説明されている.このことは,アインシュタインの相対性理論の妥当性を示す証の1つとしても見なされている.

このような従来の説明に対して,新相対性理論では,静止系の時計も運動系の時計も共にまったく同じテンポで時を刻んでおり,いずれか一方の者の寿命が延びるというようなことが発生する余地は存在しない.

しかしながら,ミューオンの寿命は,先に述べたように 2×10^{-6} 秒

程度である．そのように非常に短い寿命のミューオンが地上で有意なエネルギーを持って観測される事実を説明しなければならない．

静止系から発せられた光が運動系に到達するには時間がかかる．遠い星の光が観測者に届くのに時間がかかるのと似ている．今，地上の観測者が静止系として定義され，それに対してミューオンを光の速さに近い速さで飛行する物体（運動系）と定義しよう．このとき，運動系と互いに静止した関係にある移動座標系の時間は，静止系の時間と式 (4.29) に示す関係で結ばれる．移動座標系の時間は，静止系の観測者が観測のために適宜付与したものであり，運動系や静止系の観測者の寿命と何ら関係するものでない．

アインシュタインの相対性理論では，この新相対性理論における移動座標系の時間を誤って運動系の時間と見なしている．その結果，運動系の観測者の寿命が静止系の観測者よりも伸びるというような判断がもたらされる．こうして，アインシュタインの相対性理論からは，時間に係る様々なパラドックスが派生されている．

新相対性理論によれば，自分の座す系を静止系と判断している運動系の観測者（ミューオン自身）に観測されるミューオンの寿命は「2×10^{-6} 秒程度」となる．しかし，短縮した時間単位を用いている移動座標系の観測者には，運動系の観測者の測るこの時間が短縮して観測される．式 (4.59) によれば，この短縮した時間が，静止系の観測者にはローレンツファクターの分だけ延長して観測される．その結果，静止系の観測者が移動座標系を通じて測る運動系のミューオンの寿命も，運動系の観測者の測る寿命と同じ長さ（2×10^{-6} 秒程度）となる．

ここまでの議論においては，「静止系とされる地上の観測者には，ミューオンの寿命が明らかに延びて観測されている」とする観測事

148

実を説明していない．ミューオンの寿命が延び，それが有意なエネルギーを持って地表で観測されることの事実を，新相対性理論は以下のように説明する．

4章の式（4.116）及び（4.83）によれば，運動している物体の相対論的エネルギー及び相対論的慣性質量 m は，静止系の観測者に対して，次のように与えられる．

$$E = \frac{m_0 C^2}{\sqrt{1-v^2/C^2}} = m_0 C^2 \left(1 + \frac{1}{2}v^2/C^2 + \cdots\right) \quad (19)$$

$$m = \frac{m_0}{\sqrt{1-v^2/C^2}} = m_0 \left(1 + \frac{1}{2}v^2/C^2 + \cdots\right) \quad (20)$$

ここに，m_0 は慣性質量を表す．また，この式の最右辺のカッコ内の第2項は，運動エネルギーの寄与分を表す．

ここに示すように，静止系の観測者にとって，運動物体のエネルギー及び慣性質量は，運動エネルギーの寄与分だけ増加している．したがって，静止系の観測者に観測される運動物体の半減期は，静止している物体の慣性質量が示す半減期に対してローレンツファクターの分だけ増加して観測されなければならない．

その結果，静止系の観測者に観測される見かけ上の運動物体の半減期は，次のように表せる．

$$\frac{T_v}{T_0} = \frac{1}{\sqrt{1-v^2/C^2}} = \gamma \quad (21)$$

ここに，T_v は静止系の観測者に観測される運動物体の見かけ上の半

減期，T_0 は静止系の観測者に静止して観測される同じ物体の半減期である．

式（19）によれば，地上に降り注ぐミューオンのエネルギーの強さは上空で発生したミューオンの運動エネルギーの強さに依存することになる．すなわち，運動物体の寿命の延びは，「運動系の時間の遅れ」によって説明されるのではなく，相対論的エネルギーの増加分，すなわちミューオン自身が獲得した運動エネルギーの増加に関連付けて説明されなければならない．

静止系から運動物体と判断されている物体であっても，運動系の観測者にとっては，目前に静止している物体として観測される．したがって，運動系の観測者にとって，その物体の質量，エネルギー，そしてその物体が放つ光の色は，静止系の観測者がその物体と同じ物を静止して観測している時の観測値とまったく同じものとなる．すなわち，両系の時計はまったく同じように時を刻む．そのことは，相対性原理によって保証される．しかし，静止系から運動系の物体を観測すると（あるいは逆に，運動物体から静止系を観測すると），それらの物理量がすべて相対速度の効果を受けて観測される．

式（20）に示すように，静止系の観測者に観測される運動物体の質量は，それが静止時に観測される質量よりも増大して観測される．したがって，加速器（シンクロトロン）などでは，例えば加速される陽子の速度に応じた慣性質量に対応する力でその方向をコントロールする必要がある．しかし，その場合でも，陽子自身の慣性質量は，その陽子と共に移動する運動系の観測者には，それが静止時に見せた慣性質量とまったく同じものとなって観測される．

先に説明したミューオンや加速器内を高速で移動する陽子自身の時計は地上の観測者の時計と同じテンポで時を刻む．しかし，静止

系から運動系に到達する光が示す時間は,ミューオンや陽子自身の時計が示す時間に比して短縮して観測される.したがって,この静止系から運動系に届く短縮した時間を基準としてミューオンの時計が示す時間を測定すると,それが短縮して観測される(4章7節を参照).

アインシュタインの相対性理論による従来の説明では,運動物体の時間の遅れが実際に発生した上に,エネルギーや慣性質量の増加,そして放射光の色の赤方あるいは青方偏移が静止系に対して現れると定義するものであった.

例えば,観測者A及びBが互いに静止しているとき,それぞれが座す星の放つ光の色を互いにまったく同じものとし,またそれらの星の大きさもまったく同じものであることを確認し合っているとしよう.

そのような状況下において,観測者Aから観測者Bの系が一定速度で遠のいていくのが観測された.このようなときであっても,観測者A及びBのいずれも,それぞれに自分の座す系は静止系のままにあると判断している.そのことが成り立つことは相対性原理が保証する.そして,それぞれの観測者には自分の座す星の光が変わらずに同じ色を発し続けていること,さらにその直径や質量がまったく同じ長さや同じ重さであることをもそれぞれに確かめている.

そのような時,観測者Aから観測者Bの星の放つ光を観測すると,その色が自分の星の放つ光の色と異なり,赤方偏移して輝いているのを観測することになる.これが光の相対論的ドップラー効果である.このことは,運動系の時計も,静止系の時計も,まったく同じテンポで時を刻んでいることの証となる.

運動系の時計が静止系の時計に対して実質的に遅れるとする従来

の相対性理論によれば，例えば，運動系となる観測者Bは，自身の星の色が時間短縮の効果で赤方に変化していることを観測した上で，遠くに観測される観測者Aの星の色も古典的ドップラーシフトの効果を受けて赤方偏移しているのを観測することになる．

　同様なことが，アインシュタインの一般相対性理論（重力の効果）についても言える．標高の異なる2点間で光通信を行うと他方から伝えられる時間は短縮や延長して観測される．その要因は，「標高の異なる2点に置かれたそれぞれの時計の刻むテンポが異なっていることによる」と説明されている．

6章　新相対性理論と原子時計及び GPS

　アインシュタインの相対性理論の正しさを示す科学的根拠として航空機あるいはロケットに搭載した原子時計と地上の基準となる原子時計との比較実験が行われている．最近では，GPS がさまざまな形で人々の生活に深くかかわるようになり，そのシステムにもアインシュタインの相対性理論が活かされていることから，アインシュタインの相対性理論の正しさはもはや疑う余地もないと説明されてきた．

　しかし，すでにアインシュタインの相対性理論の問題点は示された．そして，その問題点の発生の緒が，我々がこれまで正しいと判断してきたガリレイ変換に存在していたことも示された．その上で，これらの問題点を改善する新しい相対性理論が導入された．

　本章では，アインシュタインの相対性理論の正しさを示そうとして，物理界が行ってきた運動系内の原子時計と地上に静置された時計との比較，そして GPS と相対性理論の関わりなどを例にとり，それらが新相対性理論によっていかように説明されるものであるかを明らかにする．

6.1　運動系の原子時計と地上に静置された原子時計の示す時刻

　2 章において，ヘイフェルとキーティング（Hafele and Keating）による実験，さらにその後にイギリス国立物理学研究所（NPL）によって行われた実験など，航空機搭載の原子時計と地上の原子時計

との時間の進み方の違いに係わる検証実験などが説明された．さらに，ロケット搭載の原子時計と地上の原子時計との時間の進み方の違いに関する実験についても説明された．これらの実験結果は，いずれもアインシュタインの相対性理論の正しさを示すものと考えられてきた．

しかしながら，これらの実験結果を，相対性理論の正しさを示すものとして受け入れると，対称性を原則とする相対性原理に反することになる．なぜなら，相対性原理は「2 者間に現れる力学的現象を観測し，それらの内でいずれが静止しいずれが運動している者かを決定することはできない」と主張するからである．

ここで，例えば地球から打ち上げられたロケットに搭載している原子時計が，仮に地球の基準時計に対して遅れながら時を刻んでいるとしよう．そのようなロケットが宇宙ステーションに近づくとき，宇宙ステーションが設定する空間座標から見るロケットは，ある一定速度で近づいて来るように観察される．そのとき観測される接近速度は，地球から観測されるロケットの飛行速度と異なっている．

そのようなとき，ロケットに搭載した原子時計は地上の基準時計あるいは宇宙ステーションの原子時計のいずれに対して時を刻むのかが問われる．なぜなら，宇宙ステーション内の観測者は，地上の観測者とは独立して，相対性理論を構築することができるからである．

これまで物理界が正しいと提示してきたデータを受け入れるのならば，我々は，地球の原子時計がいかような星に対して時を刻むものであるかを探求しなければならない．当然ながら，その探究は次々と時の起源となる星を追い求めることを強いるものとなり，結局のところ，相対性理論の追及は絶対性理論へと導かれることになる．

6章　新相対性理論と原子時計及びGPS | **155**

　2つの原子時計が一方に対して遅れていることを示す確かな方法は，時計を一か所に静置させ，それらの時計が指し示す時刻を直接比較するというような方法であろう．

　しかしながら，離れた2点間でこのような直接比較は現実的には困難であり，実際の測定には，両者共に基準時からの信号を受け取り，その信号が指定する時間間隔内にそれぞれの原子時計が発するパルスを個々にカウントするという方法が取られる．重力環境下で高度の違いによる時間の遅れの観測やロケットを用いた時計の遅れの実験などでもこの方法が用いられている．

　静止系と運動系間で，あるいは異なる標高間で，光など電磁波をやり取りするというような方法では，相対性理論構築の最初に議論したように，受信した信号に時間の短縮・延長の証が必ず現れる．しかし，これは相手の時間が遅れて（あるいは進んで）いることを示すものではなく，逆に，両者が個々に備える基準時計が互いにまったく同じように時を刻んでいることを示す証となる．

　地上で聞くサイレンの音がその音源の移動方向と移動速度によってドップラー効果を受けることは，日常的に経験することである．音のドップラー効果と同様に，光や電磁波もドップラー効果を受ける．

　観測者に対して一定速度で移動している光源から発せられる光はドップラー効果を受け，赤方偏移あるいは青方偏移となって観測される．したがって，観測者に対して一定速度で移動する運動系から一定間隔のパルス信号や時刻信号を発し，それを静止系で観測すると，それらパルス信号や時刻信号には必ずドップラー効果が現れて観測される．こうして静止系と運動系の間に光の赤方偏移や青方偏移が観測される事実は，両系で時を刻むそれぞれの原子時計が互い

にまったく同じテンポで時を刻んでいる証拠を表すものとなる.

これに対して,アインシュタインの相対性理論から指摘されるように,仮に運動系の時計が静止系の時計よりも遅れているのであれば,両系間で赤方偏移や青方偏移が正しく観測されることはあり得ないこととなる.

こうして,飛行機やロケットなど運動系と地上(静止系)間で光など電磁波をやり取りすることに現れるドップラー効果の存在は,両系に置かれた同じ型の原子時計が互いにまったく同じテンポで時を刻むことを示すものとなりかつ,新相対性理論の式(4.1)の正しさを示す証となる.

6.2 光の赤方偏移及び青方偏移

地上の観測者に対して一定速度で飛行する運動系内の観測者に,地上から発せられる光がいかように観測されるものであるかを以下に示す.

5章の最後のところで触れたように,運動系内でも,静止系内でも観測者に対して静止した関係にある光源の放つ光の色は互いにまったく同じ色となって観測される.その上で,運動系から静止系の光を観測すると,それが運動系の光と比較して赤方偏移(redshift)〔あるいは,青方偏移(blue shift)〕して観測される.このことは,観測位置を静止系に乗りかえてもまったく同じことである.この現象を光のドップラー効果と呼ぶ.この事実は,運動系の時計が静止系の時計とまったく同じテンポで時を刻むものであることを示している.

運動系から静止系の光を観察することは,静止系の光が運動系にいかように現れるものであるかを議論することである.ここではそ

のことについて説明する.

図‐1に示すように,地上の観測者のx軸を地平線と平行におき,そのx軸からy軸方向に角度θをなす方向に光を発し,それがx軸方向に一定速度で移動している運動系の観測者にいかような光となって観測されるものであるかを考える.その際,運動系のX軸の方向は静止系となる地上のx軸と平行に設定,Y軸はy軸と,Z軸はz軸とそれぞれ平行な方向に取る.

4章における新相対性理論の構築において,静止系から運動系内の長さや時間を光測量する際に,理論上は移動座標系が必要となることを説明した.そのとき,静止系のx軸に対してある角度をもって発せられた光が,運動系のY軸方向に伝播する様子が示され,式(4.25)～(4.29)の展開が行われた.

そのことと同様に,静止系から波数ベクトル$\mathbf{k}$の方向に発せられた光は,移動座標系において波数ベクトル$\mathbf{k}'$の方向に伝播する光となって現れる(図‐1を参照).運動系の観測者が静止系から発せられる光を観測することは,移動座標系に映し出される静止系からの光の伝播を,移動座標系と互いに静止した立場となって観測することと同じとなる.このとき,運動系の観測者の時計は,静止系の時計と同じテンポで時を刻んでいる.

したがって,地上の観測者及び移動座標系の観測者に観測される光の波としての伝播を表す関数は,例えば次のように与えられる.

$$\eta(x,t) = A\sin 2\pi(\mathbf{k}\bullet\mathbf{x} - \sigma t + \phi) \tag{1}$$

$$\eta'(x',t') = A'\sin 2\pi(\mathbf{k}'\bullet x' - \sigma' t' + \phi') \tag{2}$$

ここに,$\eta(x,t)$及び$\eta'(x',t')$は光の伝播を波の伝播として表した場

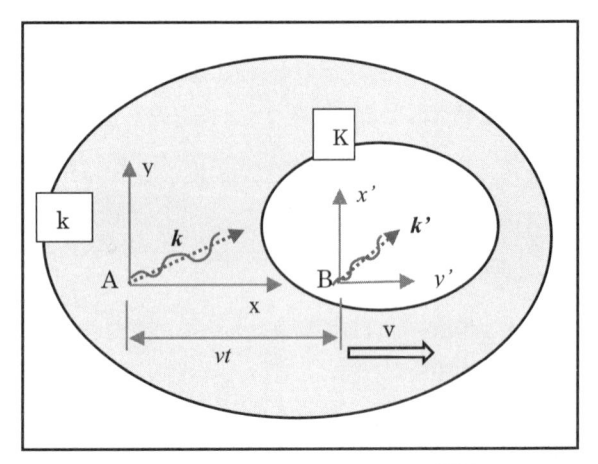

図-1 波数ベクトル k と k' の関係

合における波動関数である．k 及び k' は波数ベクトル，σ 及び σ' は振動数，ϕ 及び ϕ' は位相差，x 及び x' は位置ベクトル，A 及び A' は振幅である．"•" はベクトルの内積を取ることを表す．ダッシュの付く物理量はすべて移動座標系の空間及び時間を用いて測定されるものであることを表す．

ここで，式(1)及び式(2)の比較から，静止系の光源の振動数は σ であり，それが移動座標系の観測者には振動数 σ' となって観測されることに注意しておこう．

静止系から発せられた光波の山の位相は，移動座標系でも山の位相として現れなければならず，次なる同位相の条件が課せられる．

$$\mathbf{k}x - \sigma t + \phi = \mathbf{k}'x' - \sigma' t' + \phi' \tag{3}$$

これをベクトルの成分で表すと，次のように与えられる．

6章 新相対性理論と原子時計及びGPS | **159**

$$k_x x + k_y y + k_z z - \sigma t + \phi = k'_{x'} x' + k'_{y'} y' + k'_{z'} z' - \sigma' t' + \phi' \tag{4}$$

ここに,k_x,k_y 及び k_z は波数ベクトル **k** の成分であり,$k'_{x'}$,$k'_{y'}$ 及び $k'_{z'}$ は,それぞれ移動座標系内の波数ベクトル **k'** の成分を表す.

式 (4) に,新相対性理論の式 (4.8) ～ (4.11) を導入して,式 (5) の関係を得る.

$$\begin{aligned} k_x x + k_y y + k_z z - \sigma t + \phi = \\ k'_{x'} \frac{x - vt}{\sqrt{1 - v^2/C^2}} + k'_{y'} y' + k'_{z'} z' - \sigma' \frac{t - vx/C^2}{\sqrt{1 - v^2/C^2}} + \phi' \end{aligned} \tag{5}$$

ここで,移動座標系に式 (4.8) ～ (4.11) を導入することは,移動座標系の観測者の単位を運動系の単位に切り替えることを意味する.したがって,ダッシュの付く物理量は,これ以降,運動系の観測者が観測する物理量となることに注意を要する.

式 (5) の両辺を時間及び空間についてまとめて,次なる関係を得る.

$$k_x = \frac{k'_{x'} + v/C \sigma'}{\sqrt{1 - v^2/C^2}} \tag{6}$$

$$k_y y = k'_{y'} y' \tag{7}$$

$$k_z z = k'_{z'} z' \tag{8}$$

$$\sigma = \frac{\sigma' + v k'_{x'}}{\sqrt{1 - v^2/C^2}} \tag{9}$$

ここで,議論を簡単にするために,光波に対する波数と振動数に係わる関係が,次のように表される場合を考える.

$$k_x = k\cos\theta = \frac{2\pi}{\lambda}\cos\theta = \frac{2\pi}{CT_p}\cos\theta = \frac{\sigma}{C}\cos\theta \tag{10}$$

$$k'_{x'} = k'\cos\theta' = \frac{2\pi}{\lambda'}\cos\theta' = \frac{2\pi}{CT'_p}\cos\theta' = \frac{\sigma'}{C}\cos\theta' \tag{11}$$

$$k_y = k\sin\theta = \frac{\sigma}{C}\sin\theta \tag{12}$$

$$k'_{y'} = k'\sin\theta' = \frac{\sigma'}{C}\sin\theta' \tag{13}$$

ここに,T_p 及び T'_p は,それぞれ静止系及び運動系で測定されている光波の振動周期を表す.

式 (10) 及び式 (11) を式 (6) に代入して,次式を得る.

$$\sigma\cos\theta = \frac{\cos\theta' + v/C}{\sqrt{1 - v^2/C^2}}\sigma' \tag{14}$$

さらに,式 (11) を式 (9) に代入して,次式を得る.

$$\sigma = \frac{1 + v/C\cos\theta'}{\sqrt{1 - v^2/C^2}}\sigma' \tag{15}$$

あるいは,式 (6) 及び式 (9) より $k'_{x'}$ を消去し,次式を得る.

$$\sigma = \frac{\sqrt{1 - v^2/C^2}}{1 - v/C\cos\theta}\sigma' \tag{16}$$

地上から発せられる光波は,式 (15) に示す振動数 σ' となって運動系内を伝播する.運動系の観測者は,自分の系内で発する光の振

動数が，静止系と互いに静止していた際に確認した振動数 σ とまったく同じものとなっていることを確認している一方で，静止系から届く光の振動数が σ' となって観測されていることを知る．このことを光の相対論的ドップラーシフト（relativistic Doppler shift）と呼ぶ．式（15）の分数部分の分母は，相対論的振動数シフト（relativistic frequency shift）を表し，分子は古典的ドップラーシフト（classical Doppler shift）を表す．

ここで，式（15）と（16）の違いについて確認しておこう．

式（15）で，$\theta'=0$ と置くと，運動系の観測者は静止系から発せられる振動数 σ の光から逃げる形でその光を観測していることになる．図 - 1 に示すように，静止系を紙面に向かって左側に配置し，運動系をその右側に配置すると，光は静止系から発せられ，運動系は静止系の x 軸上をその正の方向に速度 v で移動している．このとき，運動系の x' 軸は x 軸と同じ方向にある．運動系の観測者に観測される光の伝播方向が x' 軸方向にあるとき，$\theta'=0$ となる．このような状況において，運動系の観測者に観測される光の振動数 σ' は，式（15）で表される．運動系が光源である静止系に近づく場合，式（15）において，速度 v が負の値をとる．

一方，動いている救急車から発せられる音が静止している観測者に観測される場合と同様に，運動系から発せられた光の振動数 σ' が静止系の観測者にいかように観測されるものであるかは，式（16）で表される．このとき，静止系を紙面に向かって右側に配置し，運動系をその左側に配置すると，運動系は静止系の x 軸の正の方向に速度 v で移動している．すなわち，運動系は静止系に近づいている．光は運動系から発せられる．運動系の x' 軸は x 軸と同じ方向にある．静止系の観測者に観測される光の伝播方向は x 軸方向にある．した

がって，$\theta = 0$ となる．このような状況において，静止系の観測者に観測される光の振動数 σ は，式 (16) で表される．

以下の議論においては断りのない限り，光源を運動系に置き，観測者を静止系に置くことにする．したがって，式 (16) に示す振動数の関係が基本となる．

条件 $v^2/C^2 \ll 1$ が成立するとき，式 (16) は次式を与える．

$$\sigma \approx \frac{1}{1 - v/C \cos\theta} \sigma' \tag{17}$$

したがって，例えば，$\theta = 0$ で $v > 0$ となる条件に対して，静止系の観測者は，運動系の光源が近づいて来るのを観察し，その光を青方偏移して観測することになる．逆に，$\theta = 0$ で，$v < 0$ となる条件に対し，静止系の観測者は，運動系の光源が遠のいて行くのを観察し，さらにその光を赤方偏移して観測することになる．

$\theta = \pi/2$ の場合，式 (16) は次のように与えられる．

$$\sigma = \sqrt{1 - v^2/C^2}\, \sigma' \tag{18}$$

これより，光の振動周期に関して次なる関係を得る．

$$T_p = \frac{1}{\sqrt{1 - v^2/C^2}} T_p' \tag{19}$$

ここに示す式 (18) 及び (19) は，相対性理論特有のドップラーシフトを表している．すなわち，静止系に観測される運動系の振動数は，それが運動系の光源から発せられた光の振動数よりもゆっくり振動して観測されることを表している．ここで，「観測される」という点に注意して頂きたい．

6章 新相対性理論と原子時計及びGPS | 163

　アインシュタインの相対性理論では，式（18）あるいは式（19）に示す関係式をもとに，運動系の時計が静止系の時計に対して実際に「ゆっくり時を刻む」ものと判断されている．しかし，これらの式の誘導過程から明らかのように，式（18）及び式（19）の左辺は，「静止系で観測される運動系の振動数及び振動周期」を表す．運動系の時計が実際に刻んでいる振動数や振動周期は，静止系の振動数及び振動周期とまったく同じでなければならない．このことは，これまでに何度も議論されてきたことである．ここに，アインシュタインの相対性理論の誤りを再確認できる．

　相対性原理によって，これまでの議論とは逆に，観測者と光源の位置をそれぞれ運動系と静止系に設定する場合であっても，上で議論されたことはまったく同様に成立する．

　観測者に対して一定速度で移動している運動系から発せられる光が，ドップラー効果によって赤方偏移あるいは青方偏移して観測されるのは，光源の位置する運動系及び観測者の位置する静止系共に，まったく同じ時間を共有していることを前提として成立することである．

　ところで，式（7），式（12）及び式（13）の関係より，次なる関係が与えられる．

$$\sigma \sin\theta = \sigma' \sin\theta' \tag{20}$$

さらに，式（14）と式（15），式（15）と式（20）より，次式が与えられる．

$$\cos\theta = \frac{\cos\theta' + v/C}{1 + v/C \cos\theta'} \tag{21}$$

$$\sin\theta = \frac{\sin\theta'\sqrt{1-v^2/C^2}}{1+v/C\cos\theta'} \tag{22}$$

ここに,次なる三角関数の公式を導入しよう.

$$\tan\frac{\theta}{2} = \frac{1-\cos\theta}{\sin\theta} \tag{23}$$

式(23)に式(21)及び式(22)を導入し,次式を得る.

$$\tan\frac{\theta}{2} = \frac{(1-\cos\theta')(1-v/C)}{\sin\theta'\sqrt{1-v^2/C^2}} = \frac{(1-v/C)}{\sqrt{1-v^2/C^2}}\tan\frac{\theta'}{2} \tag{24}$$

よって,最終的に次式が得られる.

$$\tan\frac{\theta}{2} = \sqrt{\frac{(1-v/C)}{(1+v/C)}}\tan\frac{\theta'}{2} \tag{25}$$

この関係式は,式(24)の最右辺に至る過程で分かるように,光源は静止系にあり,観測者は運動系にある場合に当たる.

式(25)は,ブラッドレー(James Bradley, 1729)の光行差(aberration of light)と呼ばれる.すなわち,静止系の観測者に角度 θ の方向に伝播する星の光は,運動系の観測者に対しては x' 軸から y' 軸方向に角度 θ' をもって伝播する光となって観測されることを表す.

ここで,式(21)及び式(22)より,次式を得る.

$$\sin\theta' = \frac{\sqrt{1-v^2/C^2}}{(1-v/C\cos\theta)}\sin\theta \tag{26}$$

式(26)において, $v^2/C^2 \ll 1$ の近似を与えると,次なる関係が得

られる．

$$\sin\theta' \approx (1 + v/C\cos\theta)\sin\theta \tag{27}$$

さらに，$\Delta\theta = \theta' - \theta$ に対して，微分の定義を導入すると，次なる関係が与えられる．

$$\frac{d\sin\theta}{d\theta} = \lim_{\Delta\theta \to 0} \frac{\sin(\theta + \Delta\theta) - \sin\theta}{\Delta\theta} \tag{28}$$

これを式 (26) に適用して，$\cos\theta = d\sin\theta/d\theta$ となることを考慮すると，次なる関係が与えられる．

$$\theta' - \theta \approx v/C\sin\theta \tag{29}$$

ここで，$\theta = \pi/2$ あるいは $\theta = -\pi/2$ に対して光行差は最大となり，例えば，$\theta = -\pi/2$ のとき，古典力学で議論される走る車のフロントガラスに衝突する雨滴の光行差と一致する．ここで論じた式展開については，相対性理論 30 講（戸田盛和著，朝倉書店）を参考にしていることを付記しておく．

6.3 GPS による空間座標及び時刻の測定

現代の生活の中に深く浸透してきた GPS，これまでその存在はアインシュタインの相対性理論の正しさの証明でもあるとされてきた．本節では，新相対性理論の立場から，相対性理論と GPS との関係を説明する．

静止系とみなす地上の観測者によって構築される GPS の人工衛星（以下，GPS 衛星あるいは単に衛星と呼ぶ）は，新相対性理論における一種の移動座標系と見なすことができる．GPS 衛星は，地上

の任意地点にいる観測者に，地上の基準点に対する位置情報や時間を教える仕組みとなっている．

4章で説明された新相対性理論によれば，移動座標系の時間（すなわち，地上から届く光が伝える基準時に基づいて測られるGPS衛星の時間）t' 及び空間座標 (x',y',z') と地上の基準となる時間 t 及び空間座標 (x,y,z) との関係は，次のように与えられる．

$$t' = \frac{1}{\sqrt{1-v^2/C^2}}\left(t - \frac{vx}{C^2}\right) \tag{30}$$

$$x' = \frac{1}{\sqrt{1-v^2/C^2}}(x - vt) \tag{31}$$

$$y' = y \tag{32}$$

$$z' = z \tag{33}$$

ここに，衛星の移動方向は，静止系（地上）の x 軸と平行方向にあることが仮定されている．

ここで，5章2節で述べた静止系の時間と運動系の時間との関係を今一度確認しておくことにする．

例えば，静止系から放たれた光が運動系に到達するのに20秒を要したとしよう．この20秒というのは，静止系の観測者が観測した時間であるが，新相対性理論によれば，運動系の時間もまったく同様に20秒が経過していなければならない．しかしながら，静止系から運動系に到達する光が伝える時間情報（移動座標系の観測者

の伝える時間）は，その 20 秒よりも短縮していて，例えば 10 秒であるというのが，式（4.59）の意味するところである．

これに対して，アインシュタインの式（2.8）の意味することは，静止系から運動系に到達した光が伝える時間情報は，静止系の観測者の観測値と同様に 20 秒であり，その時間を基準として運動系の時計の示す時間を観測すると，10 秒と観測されるということである．

新相対性理論によれば，静止系から運動系に到達する光が伝える時間情報（移動座標系の時間）は，実際には短縮していて 10 秒となる．これに対して，運動系内で経過した時間は静止系と同じく 20 秒であり，その間にその時計が 20 パルスを発したとしよう．このとき，運動系と静止系の時計の発する振動数は互いに等しく，いつの時点でも 1 パルス/秒となる．

運動系の時計のパルスを，短縮した時間（移動系の時間）10 秒を基準として測定すると，2 パルス/秒となり，その逆数である時間単位は 1/2 秒と観測され，運動系の時計の示す時間が短縮して観測される．アインシュタインの相対性理論は，この事をもって実際に運動系の時計が短縮していると判断したのである．

以上が，5 章で議論した内容の確認である．したがって，地上の基地局から標準時間を GPS 衛星に送ると，GPS 衛星に搭載した正確な原子時計は，地上の基地局とまったく同じ時間を刻んでいても，受信する地上基地からの標準時間を基準として測定される GPS 衛星の原子時計の時間は，短縮して計測される．逆に，短縮して観測されることが，GPS 搭載の原子時計が地上の標準時と同じ時刻を刻んでいることの証明となる．

新相対性理論によれば，地上の観測者から GPS 衛星に送信された地上の標準時は，GPS 衛星に時間短縮して受信される．したがって，

GPS 衛星は，この受信した短縮時間に式（4.59）を適用して正しい地上の基準時間を知ることができる．こうして得られた地上の正しい時間は，GPS 衛星の刻む時間と比較される．逆に，GPS 衛星が自身の持つ原子時計の刻む時間を地上に送信すると，それは地上で時間短縮して受信される．したがって，地上の観測者は，受信したその短縮時間に式（4.59）を適用して，正しい GPS 衛星の時間を知ることができる．地上の観測者は，この GPS 衛星の正しい時間と地上の標準時とを比較し，GPS 衛星搭載の原子時計の精度を測ることができる．こうして，相対性理論は，GPS システムに本質的に必須なものとなる．

これに対して，アインシュタインの相対性理論に拠る従来の説明は次のようなものとなっている．

地上の観測者は，地上の標準時を GPS 衛星に送信し，GPS 衛星で受信されるその時間を基準として，GPS 衛星の原子時計の刻む時間を測定し，GPS 衛星の原子時計の刻む時間が時間短縮していることを確認できる．地上の観測者は，地上の標準時に式（4.59）を適用して時間短縮させ，この時間短縮させた地上の標準時と時間短縮して測定されている GPS 衛星の時間とを比較し，GPS 衛星搭載の原子時計の精度を測ることができる．こうして，相対性理論は，GPS 衛星搭載の原子時計の時間調整に必須なものとなる．

ここで説明されるように，新相対性理論と従来のアインシュタインの相対性理論とは，本質的に異なるものとなっていることを確認できる．

新相対性理論にもとづいて，受信された地上の標準時を基準とする GPS の原子時計の時間 t' と地上で観測されている標準時 t とは常に，次の関係式で結ばれていなければならない．

$$t' = \sqrt{1-v^2/C^2}\,t \tag{34}$$

ただし，この関係式は，静止系の原子時計とGPS衛星に搭載している原子時計とがまったく同じテンポで時を刻んでいることを前提として成立しているものであることを忘れてはならない．

式（34）の関係式を満たすGPS衛星が距離測量した値 (x',y',z') と時間 t' は，地上の観測者が直接測量した座標値 (x,y,z) と時間 t の間に，式（30）〜（33）の関係を満たすことになる．特に，衛星の移動方向に直角方向の距離の測量値はそのまま地上の観測者が測る距離測量値と一致する．こうして，衛星を通じた位置測量と相対性理論とは密接な関係を有することになる．

ここで，人工衛星を用いた測量の具体例を示すことにしよう．例えば，日本国の地上にある基準局（A点）から遠く離れた地表（B点）の光測量を，人工衛星を用いて行う場合を想定してみよう．議論を単純にするために，人工衛星はいずれの地表に対しても一定速度 v で移動しているものとし，重力の影響は考えないことにする．

このとき，地上の基準局（A点）に置かれた原子時計，地表（B点）に置かれた原子時計，人工衛星に搭載した原子時計はいずれも互いにまったく同じテンポで時を刻んでいる．

このような条件設定の下に，地上の基準局（A点）から光通信を行い人工衛星の原子時計の時間を調べると，それが時間短縮していることを確認できる．これは，光通信により地上から衛星に届く光が伝える地上の基準時（短縮している）を，衛星搭載の振動数カウンタの基準時として用いたことによるものである．この事実は相対性理論構築の前提条「いずれの原子時計も互いにまったく同じテン

ポで時を刻んでいる」の証となる.

人工衛星の観測者は,自身に対して一定速度で移動する地表 B をその移動方向に距離測量することになる. この時,衛星は自身の原子時計が指す時間にもとづいている. 衛星に得られる観測値は,以下のとおりである.

$$t_G = t_B \tag{35}$$

$$l_G = \sqrt{1 - v^2/C^2}\, l_B \tag{36}$$

ここに, t_G は衛星の測定時間, l_G は衛星に観測される距離, t_B 及び l_B は衛星が測定対象としている地表 B 地点に静座している観測者に観測される現象の出現時間及び距離である.

式 (35) は,地表で観測される現象の出現時間が,衛星の観測者にとっても同じ時間長となっていることを表す. 衛星に観測される距離は,相対性理論にもとづいて収縮していなければならない. したがって,式 (36) の関係が与えられる.

地表の基準局 (A 点) から衛星に届く時間を基準にすると,衛星の時間は短縮して観測されるため,次式が与えられる.

$$t'_G = \sqrt{1 - v^2/C^2}\, t_G \tag{37}$$

$$l_B = \frac{1}{\sqrt{1 - v^2/C^2}}\, l_G \tag{38}$$

ここに, t'_G は静止系から衛星に届く時間情報を基準としたときの衛星の時間を表す. 式 (38) は一定速度で動く運動物体の長さをその

運動方向に衛星から測量した際の長さ l_G とそれが互いに静止した関係となって測量される場合の長さ l_B との関係を表す．

したがって，地上に衛星から送られる時間と距離の情報は，次のように与えられる．

$$t_A = \frac{1}{\sqrt{1-v^2/C^2}} t'_G = \frac{1}{\sqrt{1-v^2/C^2}} \left(\sqrt{1-v^2/C^2}\, t_B \right) = t_B \tag{39}$$

$$l_A = \frac{1}{\sqrt{1-v^2/C^2}} \left(\sqrt{1-v^2/C^2}\, l_B \right) = l_B \tag{40}$$

ここに，t_A 及び l_A は地上局 A が衛星を通じて測量した時間び距離を表す．

以上により，地上局 A は衛星を通じて遠く離れた地上の B 地点の正しい距離測量と時間測定が行われていることを確認できる．

地上のカーナビ等は，衛星の原子時計にもとづいて衛星が地表に向けて送信する時間情報を時間短縮して受信している．これに式(39)を適用して，正しい時間を知ることができる．

6.4 ドップラーシフトに見る新相対性理論とアインシュタインの相対性理論の違い

L. Essen（ルイ・エッセン）は，アインシュタインの批判的解析の中で，静止系から発せられた光が運動系に届くとき，それが伝える時間情報は遅れていることを指摘し，ドップラーシフトを表す関係式が容易に導けることを示している．その演繹法は，新相対性理論を取り入れて，以下のように説明される．

まず，時間短縮効果を考慮しない古典的力学によれば，静止系か

ら届く光のドップラーシフトは，運動系の観測者に次のように観測される．

$$f' = \frac{1}{1+v/C} f \tag{41}$$

ここに，f' は運動系の観測者が観測する光（静止系から運動系に届く光）の振動数を表し，f は静止系の観測者に観測される静止系の光源の振動数を表す．この時，運動系は静止系に対して一定速度 v で遠ざかっている．

式（41）で与えられるドップラーシフトは，古典力学における音のドップラーシフトを表す関係式と同じである．これに，式（4.59）で与えられる関係式を考慮して（すなわち，静止系の光源から発せられた光が運動系に到達して，運動系の観測者に示す時間は短縮していることを考慮すると），次なる関係式が与えられる．

$$\frac{1}{\sqrt{1-v^2/C^2}} f' = \frac{1}{1+v/C} f \tag{42}$$

この式の左辺に示す振動数のシフトは，相対論的振動数シフトを表す．

式（42）より次なる関係式を得る．

$$f' = \frac{\sqrt{1-v/C}}{\sqrt{1+v/C}} f \tag{43}$$

この関係式は，静止系の振動数 f の光源から発せられる光が，静止系に対して一定速度で遠ざかる運動系の観測者に観測される振動数 f' を表す．

式 (43) は，式 (15) で $\theta'=0$ と置いた場合に一致する．よって，正しく相対論的ドップラーシフトの関係式が導かれている事を確認できる．

これに対し，アインシュタインの相対性理論では，次のように算出される．

まず，式 (41) の算出と同様に，時間短縮効果を考慮しない古典的力学によれば，静止系から届く光の古典的ドップラーシフトが以下のように与えられる．

$$f' = \frac{1}{1+v/C} f \tag{44}$$

この関係式は，式 (41) と同じである．

運動系の時計は静止系の時計の時間よりも実際に短縮している．静止系から届く光を時間短縮した運動系の時計を用いて測定すると，振動数が増加して観測される．その結果，運動系の観測者に観測される振動数は，以下のように与えられる．

$$\frac{1}{\sqrt{1-v^2/C^2}} f' = \frac{1}{1+v/C} f \tag{45}$$

ここに，左辺に示す振動数シフトは，運動系の時間の短縮によってもたらされる効果であり，アインシュタインの振動数シフト（Einstein's frequency shift）と呼ぶことができる．

式 (45) より次なる関係式を得る．

$$f' = \frac{\sqrt{1-v/C}}{\sqrt{1+v/C}} f \tag{46}$$

アインシュタインの相対性理論に基づく式（46）は，式形のみを比較すると，新相対性理論の式（43）と完全に一致する．

しかし，式（43）を導く物理的プロセスと式（46）を導くプロセスとには大きな違いが存在する．式（43）に対しては，両系に置かれた光源の振動数及び時計の示す時刻は，互いにまったく同じとなっている．このような条件下で，静止系から運動系に光が届く過程に相対論的ドップラーシフトが起こっている．

これに対し，アインシュタインの相対性理論による式（46）では，静止系の光源の振動数に対して，運動系の光源の振動数が相対的変化を受けており，同様に時計も相対的な変化を受けているものと見なされている．すなわち，光の振動数のシフトや時計の短縮はすでに運動系内で起きている事と見なされ．その上で静止系の光が運動系の観測者に古典的ドップラーシフトを伴って観測されることになる．したがって，光はその伝播過程で不変であるとする「光速度不変の原理」が保持されている．

アインシュタインの相対性理論では，静止系から運動系に到達する光の振動数の相対論的シフトは，運動系の時間の実質的な短縮がもたらす効果として現れる．逆に，静止系の観測者が運動系から放たれた光を観測する場合には，運動系の光源の振動数の相対論的シフトがそのまま観測されることになり，現象の物理の相対性条件に破綻をきたす．この相対性の破綻は，相対性原理の破綻を意味するものであり，「相対性原理と光速度不変の原理が共存する」としたアインシュタインの相対性理論の矛盾点をここに見る．

これまでに紹介してきた航空機やロケットを用いての時間の遅れに関する実験結果を正しいものとして受け入れると，遠い星の分光スペクトルからその星の相対速度を求める際には，地球が常に静止

系となり，遠い星のすべては運動系となる．その結果，天の星のすべては地球に対して時を決定づけられることになる．すなわち，天動説の再来を見ることになるのである．

一方，新相対性理論では，いずれの系から眺めても，現れる物理現象に相対性が保持されており，相対性条件を完全に満たしていることを確認できる．

6.5 新一般相対性理論の構築に向けて

これまでの議論は，ほとんどすべて加速度を伴わない特殊相対性理論に関することであった．しかしながら，これまでの議論は，そのまま加速度が存在する系に対しても適用されなければならない．したがって，重力の作用下の異なる標高に静置された時計間に時間の遅れが生じるとするアインシュタインの一般相対性理論（general relativity）も再構築を必要とするのは当然である．

いかなる標高においても，同型の原子時計は互いにまったく同じテンポで時を刻む．しかしながら，観測者が他の標高から発せられた光（すなわち，電磁現象）を観測すると，それが伝える時間は観測者の時間と異なって観測される．すなわち，他の標高から届く光は，重力(加速度)の存在によって，赤方あるいは青方に偏移して観測される．そのことは，同時に，両地点の時計がまったく同じテンポで時を刻んでいることを意味する．

その結果，これまで「重力の作用で空間に曲率が生じる」とされてきたことも，「空間は3次元直交座標で表示される」に修正されなければならない．空間が曲率を有しているのではなく，"光測量によって観測者に観測される空間が，曲率を持って観測されている"に過ぎないのである．このことは，次のように説明される．

まず，互いに遠く離れた2点間に座す観測者に対して，それらの1点から発せられた電磁波（光）が他点に到達するには時間を要する．距離の存在は時間の遅れとなって観測者に観測される．この事と同様に，時間の経過とともに2者間の距離が増す特殊相対性理論では，「時間の経過に伴い静止系の時間は，運動系で時間短縮して観測される」とする効果をもたらす．また，一定速度を持つ空間の長さはその運動方向に収縮して観測される．

　さらに，加速度が存在する一般相対性理論においては，加速度の空間分布に依存した時間短縮が観測される．すなわち，時間短縮の程度が空間分布を持つ．その結果，加速度（重力）の存在する空間を光測量すると，それは曲率を持って観測されることになる．ここで，「観測される」となっている点に注意して頂きたい．

　「空間が曲率を持って存在する」という従来の説明は，あたかも空間を形成する物質が存在し，それが曲率を作り出しているようにも解釈される．そうだとすると，それはエーテル説の再来である．空間は物質の存在としては無が仮定される．その無の空間を光は直進する．しかしながら，重力の作用する空間では，重力の本質となる何らかの作用（量子力学あるいは素粒子論で説明されることになろう）が存在する．その作用は，加速度（力）の存在と同じことを意味し，光の伝播に伴って時間短縮をもたらす．すなわち，光に対する重力の近接作用によって光の伝播が影響を受ける．その結果が静止系の観測者には空間が曲率を有しているように観測される．

　すなわち，重力の作用空間において，静止系の観測者は，「光の速度が変化しているのを観測する」ことになる．アインシュタインが相対性理論を構築する際に導入した「光速度不変の原理」は，我々を曲率した空間の想像へと誘導した．その後，そのドグマは，100

年間にも亘り我々の思考を束縛して来た．

　結局のところ，一般相対性理論における時間の遅れを実証しようとしてこれまで行われてきた実験のすべては，2点に静置された時計の刻むテンポに遅れが生じていることを観測したのではなく，相手の光が観測者にドップラーシフトを伴って観測されていることを示してきたに過ぎない．逆に，そのことは，2点に静置されている同型の時計がまったく同じテンポで時を刻んでいることの証を示し続けてきたともいえる．その事は，空間に曲率など存在しないことの証でもあったことになる．

　こうして，アインシュタインの一般相対性理論も，新一般相対性理論として修正される必要性があることは明らかとなった．その結果は，これまで存在が明らかとなっている自然界の4つの力の内，重力のみが空間を曲げる異質の力として分類されてきたことをもその他の力と同質のものへと統合させる．

　重力波の検出へと動き出した現代物理学の壮大な試みは，その根拠を再度検討し直さなければならない．しかし，これらのことを論ずることは，別の機会に譲りたい．

おわりにあたって

　アインシュタインの相対性理論が発表されて以来，これまで我々は「光速度不変の原理」のドグマにはまり，その世界観から抜け出すのに，100 年余を必要とした．アインシュタインの相対性理論を批判することは，科学界においては，「大罪に等しい」と見なされてきた．

　これまでに数えることのできないくらいの方々がこうした批判の対象となってきた．しかし，アインシュタインの理論を批判する立場の多くの議論もまた誤っていたことも論を待たない．しかし，誤ってはいたものの，「どこかおかしい」という彼らの勘所は正しかったといえる．

　天動説は人々の思考を 2000 年以上にもまたがって束縛した．これとまったく同様なことが相対性理論に関しても繰り返されてきたことになる．ここに，我々は，「光速度不変の原理」のドグマから解き放された．もう，双子のパラドックスで悩むこともなくなった．

　本書では，エネルギーの大きさは，光の速度の 2 乗で与えられる量をエネルギー素として慣性質量の大きさをもって表されるものであることが述べられた．すなわち，光が質量を与え，素粒子を形成しているとも解される．最近，物理界においては，「素粒子に質量を与えるヒッグス粒子らしきものが発見された」ことが話題となっている．ヒッグス粒子は粒子の形態でなく，素粒子形成の場ともいわれている．光速に近づけた粒子の衝突によってそれが発見されたことになっている．このことは，衝突によって膨大な量の光子が一瞬静止状態となり，次の瞬間にゆっくりした速度を持ついくつかの素粒子の形成と光の速度を保持する光子へと分化する変遷過程

を捉えているのかもしれない．衝突が光を一瞬静止させ，それが質量を与える場として観測されている可能性もある．そうであるのなら，質量を持つ素粒子は，光子が干渉し合って合体し，光速よりも減速することで質量を獲得しているとも推測される．こうして運動エネルギーを獲得した素粒子は，その半減期をはるかに超えた時間帯で観測されることになる．

このように考えると，新相対性理論を緒として新しい科学の地平線が広がっていくようにも思えてくる．

「若者たちよ，恐れてはならない．大志を抱き，際限なく広がる学問の世界に踏み出してほしい，その勇気が人々に幸せをもたらすにちがいない」．

著者　2015 年 7 月 18 日　琉球大学工学部の研究室にて

著者略歴
仲座栄三（なかざえいぞう）

昭和33年　沖縄県宮古島にて生まれる
昭和60年　琉球大学工学部助手
平成08年　同学部助教授
平成18年　同学部教授
平成20年—22年　琉球大学島嶼防災研究センター長
平成22年—平成25年　琉球大学　学長補佐
平成25年—平成27年　琉球大学　副学長
著書　『物質の変形と運動の理論』（ボーダーインク、2005）
　　　『新・弾性理論』（ボーダーインク、2010）
　　　『相対性原理に拠る相対性理論』（ボーダーインク、2011）

新・相対性理論

NEW THEORY OF RELATIVITY

発　行　2015年9月20日初版
著　者　仲座　栄三
発行者　宮城　正勝
発　行　ボーダーインク
　　　　〒902-0076　沖縄県那覇市与儀226-3
　　　　電話　098(835)2777　FAX 098(835)2840
印　刷　でいご印刷

©NAKAZA EIZO 2015, PRINTED IN OKINAWA